Essence Hair Art

에센스 헤어아트

메디시인

머 리 말

오늘날의 헤어아트 작품들은 소재나 기법이 어느 하나에 국한되지 않고 다양한 아이디어를 통한 창의적이고 예술적인 작품들이 출품되고 있습니다.

이 책은 K-뷰티 전문가들의 작품들을 실어서 헤어아트 작품을 처음 시도하는 사람들도 쉽게 접근할 수 있도록 헤어아트를 제작하는 데에 필요한 이론뿐만 아니라 다양한 작품들도 수록하여 제작자의 이해를 돕고 활용할 수 있도록 노력하였습니다.

헤어아트에 관심이 있는 분들에게 이 책이 기초적 정보가 되어 작품 제작에 도움이 되기를 바라며 이로 인해 새로운 헤어아트 작품들이 많이 출품되어 헤어아트 분야가 더욱 발전할 수 있기를 기대합니다.

앞으로도 본 저자 일동은 연구를 게을리하지 않을 것을 약속드리며 여러 교수님들과 선생님들의 지도와 성원을 부탁드립니다.

아울러, 이 책이 성공적으로 제작될 수 있도록 적극적으로 도와주신 선생님들과 출판을 위해 애써주신 메디시언 임직원들에게도 감사의 마음을 전합니다.

계묘년 입추에

필자 대표 박은준

차례

Chapter 03 헤어아트 작업 과정

Chapter 04 디자인 요소별 작품

차례

chapter Ⅰ

Chapter 1 헤어아트의 이해

Chapter 1

헤어아트의 이해

1. 헤어아트란

1. 미용의 개념

미용은 광의廣義와 협의俠義로 나눌 수 있다. 공중위생법에 따르면, '미용업'이라 함은 손님의 얼굴, 머리, 피부 등을 손질하여 손님의 외모를 아름답게 꾸미는 영업으로 정의하고 있다.

미용이란 복식 이외의 여러 가지 방법으로 신체에 물리적, 화학적 기교를 행하는 것으로, 피부와 모발, 용모를 아름답게 가꾸거나 개선시키는 것을 말한다. 이러한 방법으로는 모발 꾸미기, 피부관리, 메이크업 등을 들 수 있다.

첫째, 머리 모양을 아름답게 개선시키기 위해 모발을 자르거나 커팅Cuting, 펌Perm, 드라이Dry, 컬러링Coloring 등을 할 수 있다. 또한 가발을 사용하여 대머리를 커버하거나 숱이 적어 고민하는 사람들에게 증모방법으로 숱이 많아 보일 수 있게 하고, 짧은 머리를 길게 연결Extension하기도 한다.

둘째, 건강하고 아름답게 피부를 가꾸고, 체형을 교정하여 아름다운 몸매로 만들며, 마사지를 통해 건강을 증진시키는 등 의료기구나 의약품을 사용하지 아니한 순수한 피부미용을 할 수 있다.

셋째, 메이크업을 통해 개성적이고 세련된 아름다움을 연출할 수 있다.

위와 같이 미용은 과학과 예술이 접목한 분야라고 할 수 있다. 더욱이 문화와 문명이 발달하고 인간의 기본 욕구인 의식주 문제가 해결될수록 아름다워지려는 욕구는 더욱 커지며, 이를 위한 미용 분야의 역할은 확대될 것으로 전망된다.[1]

2. 헤어아트의 기원

예술이라는 어휘자체는 '후한서'에서도 나오는 오래된 말로 학문이나 기예를 말하고 예藝라는 글자는 '재주'나 '재능'을 의미하며 예술은 서구어 'Art'의 기원으로 특별한 능력에 의한 어떠한 효과를 실현하는 작업 또는 현대에서 말하는 예술만 아니라 기술이나 학문을 말한다.

우리가 예술로 번역해서 쓰고 있는 영어의 'Fine arts', 프랑스어인 'Beauz-arts'를 번역한 말임을 고려할 때 예술은 'Beauty'와 'Art' 가 결합되어 만들어진 합성어이다.[2)]

예술의 영역은 계속 확장, 발전되고 있어서 미용분야에도 영향을 주어 '미용예술', 즉 뷰티아트Beauty Art라는 전문 영어가 자연스럽게 사용되고 있으며 점차 세분화, 일반화되어 예술적 헤어아트 Hair Art를 탄생시켰다.[3)]

3. 헤어아트의 개념

헤어미용은 오랜 기간 실용기술로 인류의 역사와 함께 발전해 왔고 인체를 기본으로 한 건축이나 의복 부분과 함께 실용의 측면과 예술적 장르에서도 제외 될 수 없는 중요한 영역으로 헤어 자체를 순수하게 분석하며 미적 측면을 탐구하여 구조적 특징을 파악하고 새로운 시각적 형태로 형상화 하는 것, 헤어의 미적형상화에 조형원리를 적용하여 시각화하는 것을 말한다.[4)]

헤어아트는 예술적인 헤어라는 포괄적인 의미이며, 일상적인 치장을 미용으로 한정시키지 않고 예술적인 표현을 강조한 헤어, 평면적인 미숙에 헤어의 조형성을 가미한 예술, 즉 미술머리, 예술머리라고 한다.[5)]

헤어아트는 작가의 정서를 표현하는 예술로 미용과 예술이 만난 것이다.

일상적인 형태로 당시의 경향에 맞추어 현장의 디자이너들에 의해 표현되는 실용헤어와는 달리 헤어아트는 여러 가지 제한적인 모발의 특성상 오브제Object를 이용한 예술작품으로 작가의 개성이 강하게 표현된다. 그러므로 헤어아트는 조형성이나 작품성에서 고정관념을 뛰어넘는 형태들로 시각적 감상의 목적도 갖는다.

실용적 착용을 전제로 한 작품들로 전개 될 수 있다는 점에서는 그 의의가 높다고 볼 수 있다. 헤어아트는 예술적인 헤어라는 포괄적인 의미이며, 일상적인 치장만을 위한 미용으로 한정시키지 않고 예술적인 표현을 강조한 헤어로서 광범위한 의미를 갖게 된다.

2. 헤어아트의 발전 변천사[6)]

1977년 'KAWA 1997년 Art in Hats'의 복식문화측면에서 조명한 헤어아트의 첫 전시를 시작으로 1997년 10월 8일 '제2회 97광주 비엔날레 헤어쇼'가 개최되었고 이후 미용문화측면에서 헤어아트 전시회는 활발히 전개 되었으며, 2005년 서경대학교 미용예술전시회를 시작으로 본격적인 발전을 거듭하게 되는 과정들을 살펴보면 다음과 같이 정리해 볼 수 있다.

① 1997년 'KAWA 1997년 Art in Hats'_대한민국 서울 '예술의 전당'

② 1997년 10월 8일 '제2회 광주 비엔날레 헤어쇼'_대한민국 광주

③ 2005년 6월 '제1회 헤어아트 전시회'_서경대학교 '문예홀'
2005년 10월 '서경대학교 헤어아트 전시회'_중국 닝보 '國嚌服裝 博覽會'

④ 2006년 6월 '제2회 헤어아트 전시회'_서경대학교 '문예홀'
2006년 7월 '서경대학교 헤어아트 전시회'_프랑스 파리

⑤ 2007년 5월 '제3회 헤어아트 전시회'_서경대학교 본관 6층 '전시홀'
2007년 10월 '서경대학교 헤어아트 전시회'_중국 닝보 '國嚌服裝 博覽會'

⑥ 2008년 5월 '제4회 헤어아트 전시회'_서경대학교 '문예홀 로비'
2008년 7월 '서경대학교 헤어아트 전시회'_프랑스 파리

⑦ 2009년 10월 '제5회 헤어아트 전시회'_서경대학교 유담관 '뷰티아트센터'

⑧ 2010년 8월 '서경대학교 헤어아트 전시회'_영국 치체스터 'Chichester College'
2010년 11월 '제6회 헤어아트 전시회'_서경대학교 유담관 '뷰티아트센터'

⑨ 2011년 1월 '서경대학교 헤어아트 전시회'_중국 'LKJ 北京'

⑩ 2011년 8월 '서경대학교 헤어아트 전시회'_멕시코 칸쿤

⑪ 2012년 7월 '서경대학교 헤어아트 전시회'_미국 라스베이거스 'Mandalay Bay Convention Center'

3. 헤어아트의 종류

1. 회화적 헤어아트

회화적 헤어아트는 예술적 아이디어의 원천을 근거로 헤어의 기능성을 결합한 새로운 표현양식으로 모발 또는 다양한 오브제와 그림을 통하여 여러 가지 색, 선, 형태로 형상화하여 그려낸 것으로 평면적 표현방법과 입체적인 표현방법이 혼합되어 다양한 컬러의 모발로 디자인이 완성된다.[7)]

김진숙 헤어아트[8)]

천안연암대학2009 – 학생작품[9)]

김진숙 – 헤어아트[10)]

박은준2020 – 열정熱情[11)]

박명희2020 – 여향餘香[12)]

김우빈2020 – 득도得度[13)]

2. 실용적 헤어아트

실용적 헤어아트는 마네킹 또는 실제 사람에게 사용하여 살롱에서도 쓰일 수 있고, 여러 가지 오브제를 활용하여 헤어쇼에서도 다양한 표현이 가능하며, 소재에 제한받지 않는 아트헤어로 고전머리, 크리에이티브, 헤어바이나이트 등을 포함한다.

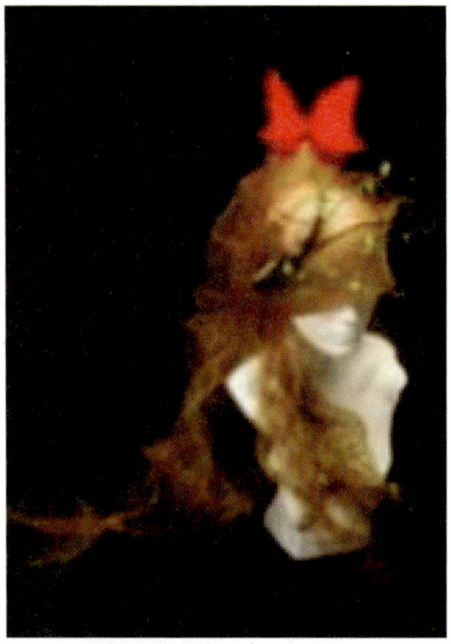

양은진2005 – Fly[14)]

홍도화 헤어아트[15)]

김동분2006 – 세이렌[16)]

이현진2010 – Metal Classic[17)]

임은진2005
The birth of nobiliy[18)]

최병숙2008
벅찬 나래의 행복[19)]

3. 조형적 헤어아트

조형적 헤어아트는 모든 디자인의 기본인 선, 형, 공간, 재질, 색채와 같은 시각적인 이미지를 작가의 감각으로 표현하는 영역으로 소재에 있어 어떠한 제한도 받지 않고, 헤어 디자인의 한계적 제한도 허용하지 않는 전형적인 미술의 창의적 성격을 가지며, 작가의 내면적 미감을 자유롭게 표현할 수 있고 미술사조의 영향을 담을 수 있는 헤어아트로 구상에서부터 추상에 이르기까지 자유로운 창의성을 드러낼 수 있다.[20]

김환2008 – 아프라삭스[21]

이경희2008 – 환상[22]

이혜진2009 – 큐디즘[23]

류경아2011 – 무제[24]

윤아람2007 – 움직임[25]

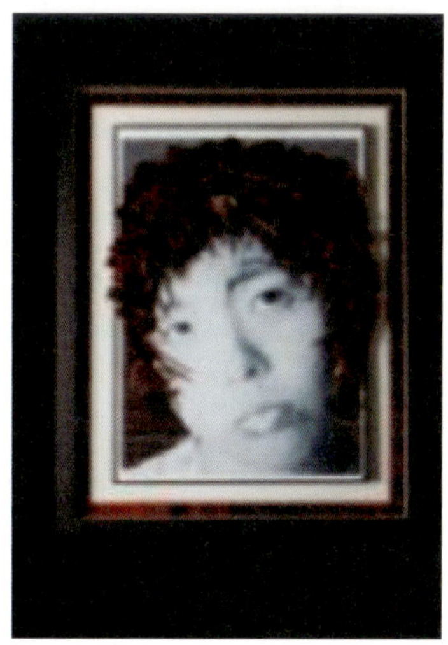

이경숙2005 – a Dreamer[26]

Memo

chapter Ⅱ

Chapter 2 헤어아트 디자인 발상법

Chapter 2

헤어아트 디자인 발상법

1. 디자인 발상법의 개념

디자인Design이란 의장意匠·도안 등을 말하며, 디자인이라는 용어는 '지시하다', '표현하다', '성취하다'의 뜻을 가지고 있는 라틴어의 데시그나레Designare에서 유래한다.

주어진 어떤 목적을 달성하기 위해 여러 조형요소 가운데서 의도적으로 선택하여 그것을 합리적으로 구성, 유기적인 통일을 얻기 위한 창조활동이며, 주어진 목적을 조형적으로 실체화 하는 것으로 디자인에서 발상은 무형의 이미지나 단어, 보이는 것은 물론 보이지 않는 것까지 인체의 특수 감각인 오감을 통해 느끼고 상상할 수 있는 능력, 머릿속의 상상을 시각화 할 수 있는 형상화 능력과 그것을 문제의 목표에 맞게 탐구하고 재구성하여 실체가 있는 디자인 결과물로 구현하는 종합적인 사고능력을 포함한다.[27]

디자인의 출발 단계로 예술적 표현의지를 가지고 창의적인 아이디어를 끌어내는 가장 중요한 과정으로 집중적인 사고를 통해 어떤 아이디어나 생각을 창안해 내는 것을 의미한다.[8]

마음속의 연상이나 상상을 외부로 드러내는 과정으로 예술 분야에서는 '구상'이라 하고, 디자인 분야에서는 '발상'이라 번역한다. 발상은 '생각을 일으키다'라는 뜻으로, 생각나는 대로 이미지를 산발적으로 떠올리는 것이어서 상상과는 구분된다. 즉, 발상은 무엇인가를 위해 의도한 대로 이미지를 계획하고[28] 구체적인 상이나 형을 얻기 위해 떠올리는 것이다.

2. 디자인 발상법의 종류

디자인에 있어서의 발상은 어떤 '테마'나 '컨셉'을 구체적인 형태나 이미지로 얻어 낸 과정으로, 발상의 목적과 접근하는 방식에 여러 가지 발상법이 있으며 대표적으로 브레인스토밍 Brainstorming, 형태분석법, 시네틱스 Synectics, 마인드맵 Mind-map, 체크리스트법 Checklist Technique 이 있다.

1. 브레인스토밍 Brainstorming

브레인스토밍은 '두뇌'라는 뜻의 'Brain'과 '폭풍'이라는 뜻의 'Storm'이 결합된 단어로 마치 두뇌에서 폭풍이 몰아치듯이 생각나는 아이디어를 모두 내어놓는다는 의미로 1938년 미국의 오스본 A.F.Osborn 이 고안한 것으로 아무런 제약 없이 자유분방한 분위기에서 연상의 연쇄반응을 일으키면서 자유롭게 아이디어 발상을 전개할 수 있는 방법이며,[29] 말하기·쓰기·그리기의 순서로 전개해 나가는 발상법 중 하나이다.[29]

창의적 집단 사고를 필요로 하는 헤어쇼나 졸업 작품 등 미용협회와 단체 행사를 주관할 때 브레인스토밍 방식을 사용하면 효과를 볼 수 있다.

브레인스토밍 기법의 기본원리는 판단보류와 많은 양 가운데서 질 좋은 아이디어가 나온다. 전통 토의와 브레인스토밍의 차이점은 활동을 진행하는 동안에 집단의 어느 누구도 아이디어를 비판해서는 안 된다.

(1) 브레인스토밍의 4가지 규칙

첫째, 아이디어의 창출을 저해하는 비판평가 또는 판단을 마지막까지 피해야 한다.

이것은 브레인스토밍의 장점인 판단의 유보를 통한 비판을 배제함으로써 더 많은 양의 아이디어를 얻어낼 수 있다.

둘째, 창의적인 사고는 자유로운 분위기에서 일어난다.

아무리 어리석어 보이거나 우스워 보이는 아이디어라도 수용해야 한다. 웃음거리가 될지도 모른다는 소극적 생각에서 벗어나 자유롭게 느낌과 생각을 표현함으로써 두뇌 활동은 더욱 촉진될 수 있고 이러한 자유로운 분위기 속에서 더 많은 아이디어를 낼 수 있게 된다.

셋째, 브레인스토밍에서는 양을 강조한다.

처음부터 좋은 아이디어가 나오는 것은 아니기 때문에 자유로운 분위기를 통하여 많은 아이디어를 내도록 하고 축적된 아이디어를 목록별로 정리하고 발전시켜 원하는 아이디어를 산출해 내는 것이다.

넷째, 이미 제안된 아이디어나 타인의 제안에 착안하여 새로운 아이디어를 이끌어 낼 수 있도록 한다.

다른 사람의 아이디어를 비판없이 받아들이는 것이 아니라 결합과 개선을 통하여 보다 나은 아이디어를 낼 수 있다는 점에서 매우 중요하다고 볼 수 있다.

2. 형태분석법

형태분석법은 형태학을 기초로 한 발상법으로, 미국의 캘리포니아 대학의 프리츠 즈위키 Fritz Zwicky 교수가 제안했으며 원래 전체적인 형태를 세부적으로 나누어 다양한 변수로 조합시키는 것이지만, 아이디어를 형태적으로 정리하면서 보충하고 취합하여 정리해 가는 기법이며, 새로운 디자인의 형태를 구상해 낼 수 있는 사고력을 필요로 하는 발상법이다.[30)]

특히 비교적 짧은 시간에 각 디자인 요인들을 소홀히 하지 않고 많은 양의 아이디어를 발상할 수 있는 장점을 가지고 있으며 여타의 창조성 창출을 위한 기법과는 달리, 시각적 접근이 가능하기 때문에 보다 구체적 해결안을 도출시킬 수 있다.

주로 어떠한 사물을 가지고 머리 위에 조형물을 얹는 기법을 사용할 때, 또는 헤어 작품전시를 위한 조형물 작업 등의 헤어아트 디자인의 발상에 있어서 입체적인 형태를 이루는 실루엣·디테일·트리밍 등에 대한 분석을 요구할 때 주로 사용할 수 있으며, 헤어 색채의 질감·명암·패턴·균형 등 비교적 짧은 시간에 각각의 헤어 디자인의 요인들을 소홀히 하지 않고 많은 양의 아이디어 발상에 구체적인 해결안을 도출하여 시각적으로 접근하는 것이 가능함으로써 헤어아트 분야에 유용하게 활용할 수 있다.[31)]

(1) 형태분석법의 과정

첫째, 문제를 정확하게 정의한다.

둘째, 모든 요인독립변수을 열거한다. 요인은 특성, 상태, 기능, 조건 등이 될 수 있다.

셋째, 각 요인독립변수이 가질 수 있는 가능성을 가능한 많이 찾아낸다.

넷째, 형태분석표를 작성한다.

다섯째, 요인별 속성간의 결합을 통해 아이디어 발상을 한다.

변수	부분적 해결안			
	치수	양	위치	모양
눈				
코				
입				
피부				

– 형태분석표 예시 –

3. 시네틱스 Synectics

(1) 시네틱스의 4가지 유형 추출방법

① 직접유추 Directanalogy

실제로는 닮지 않은 두 개의 개념 또는 주변의 사물들을 직접 단순 비교하는 유추방법으로 주변에 있는 사물들과 개념을 연결시키는 것을 말한다.

예 우산을 통하여 낙하산의 원리유추

② 의인유추 Personalanalogy

스스로 사물이나 개념 문제의 대상과 완전히 일체화 되도록 하는 유추방법으로 단순히 문제를 인식하는 것에 그치지 않고 감정이입을 통해 정서적 이해를 경험하도록 하는 것을 말한다.

예 나무가 겪는 어려움을 알아내기 위해 직접 나무가 되어 가상적으로 작용해 보는 유추

③ 상징유추 Symbolicanalogy

두 대상물의 관계를 기술하는 과정에서 상징을 활용하는 유추방법으로 두 개의 서로 모순되어 보이거나 반대되는 단어를 사용하여 어떤 현상을 기술하도록 하는 것을 말한다.

예 동화, 이야기, 사건 등으로 유추 파랑새 증후군, 백설공주 콤플렉스, 피터팬 신드롬

④ 환상적 유추 Fantasyanalogy

현실적인 유추를 통해 해결될 수 없을 때 창조적 상상력을 활용하는 환상적이고 신화적인 유추방법을 말한다.

예 하늘을 나는 양탄자, 말하는 고양이

4. 마인드 맵 Mind-map

마인드 맵 Mind-map 은 토니부잔 Tony Buzan 에 의해 고안되었으며 '생각의 지도'라는 뜻으로 직접 뇌 속을 들여다보는 것처럼 우리의 마음 속을 끄집어내어 한눈에 볼 수 있게 해주는 발상법으로 그룹과 개인의 발상에 있어서 내면의 생각들을 유연하고 자연스럽게 끄집어내는데 유용하고 연상작용에 의한 파지효과가 뛰어나 보편적으로 많이 사용되는 방법 중 하나이다.

우리가 무엇을 생각할 때 종이에 낙서를 하는 것에서 발전한 것으로 자신이 읽고, 생각하고, 분석하고, 기억하는 모든 정보를 자기 자신만의 독특한 이미지 중심이미지와 보조이미지 와 핵심단어, 그리고 색과 부호를 이용하여 좌·우뇌의 기능을 유기적으로 연결해 종합적인 두뇌사고 활동을 활발하게 자극함으로써 독창적이고 종합적인 구조로 조직화해서 다양한 방식으로 표현한 것을 말한다.

즉 마인드 맵핑은 '종합적 두뇌 사고법'을 활용한 '21세기형 방사사고 Radiant Thinking'과정을 통하여 창의적이고 혁신적인 사고방법을 개방하고 분석력, 종합력, 문제해결력, 의사 결정력 등 자기주도적 학습력을 길러 단 시간에 쉽고 재미있게 능률적인 학습효과를 얻을 수 있다.[32)]

(1) 마인드 맵의 전개방법

첫째, 준비된 지면의 중심에서부터 나타내고자 하는 주제를 함축적으로 나타낸다.

주제를 나타낸 이미지를 핵심이미지 또는 중심이미지라고 한다. 주제 이미지는 3가지 이상의 색상 사용, 함축적인 단어, 상징화한 그림, 약화, 일러스트, 만화, 사진 등으로 나타내고 채색하여, 주제를 가장 효과적으로 시각화하면서 상상력을 자극할 수 있는 방법을 택한다.

둘째, 나무에서 큰 가지가 빠져나온 것과 같이 중심이미지에 주 가지를 연결한다.

중심이미지가 그림이므로 주 가지에는 핵심단어만 쓰도록 한다. 이것은 그림이 중복되면서 나타날 수 있는 생각의 혼돈을 방지하기 위함이다.

셋째, 주 가지에 보다 작고 가는 부 가지를 연결한다.

부 가지 위에는 핵심단어, 그림, 기호, 약화 등을 이용하여 다양하게 표현이 가능하며 주 가지 별로 차례를 정할 필요는 없다. 꼬리에 꼬리를 무는 연상이 계속되는 경우, 가지는 연속적으로 계속 그려나갈 수 있다.

(2) 마인드 맵의 기본원리

마인드 맵은 중심으로부터 사방으로 뻗어나가는 방사형 사고Radiant Thinking의 원리로 생각을 지도처럼 공간적으로 넓게 펼칠 수 있게 한다.

보편적으로 2차원적인 용지에 표현되지만 실제로는 다차원적인 패턴공간, 시간 생성 등을 만들어주며, 단어, 이미지, 색상, 숫자, 리듬, 공간지각 등의 뇌의 모든 기능을 최대한 활용할 수 있도록 도와준다.

– 마인드 맵 기본원리 예시 –

5. 체크리스트법 Checklist Technique

체크리스트법은 어떠한 기준을 통하여 하나씩 하나씩 질문 사항을 체크하고 생각해 감으로서 모든 사항에 대한 다양성을 꼼꼼하게 확인해 보도록 만든 발상법이다.

이미 1백 여년 전부터 활용되어 왔으며, 현대에 이르러 브레인스토밍법의 창안자로 유명한 오스본에 의해 구체적으로 고안되었다.

이 방법은 '이렇게 하면 어떨까?'라고 스스로 묻는 형식의 발상법으로 디자인 발상에 관련된 항목들을 나열하고 그 항목별로 어떤 특정적 변수에 대해 '검토'해 봄으로써 아이디어를 구상하는 방법이다. 사용법이 간단하여 아이디어의 발상뿐만 아니라 평가를 위한 기준으로도 사용되고 있다.[33)]

또한 질문에 따라 주어진 형태를 시각적으로 변형함으로써 색다른 창의적 요소를 발견할 수 있게 하지만 필요 없는 리스트를 체크하면서 시간을 낭비하거나 체크리스트에 한정됨으로써 문제해결에 필요한 새로운 것들을 간과할 수도 있다.

그러나 위의 이 방법에 너무 의지하면 자기 자신의 생각을 하지 않음으로서 자유로운 상상을 지양할 수 있다.

따라서 체크리스트법은 새로운 발견에 대한 폭넓은 접근을 위한 방법으로 사용하는 것이지 아이디어를 얻을 수 있는 유일한 방법, 완벽한 방법이 아니라는 것을 유념하고 스스로 적절하게 체크해 나갈 수 있도록 해야 한다.

질문	적용방법	활용예시
대체하면 Substitute	사람, 물질, 방법을 대체할 수 없을까? 기존의 시각과는 다른 각도에서 생각을 유발하기 위한 것으로 기존의 장소, 방법, 내용, 색깔, 소리 등을 다른 것으로 대치, 대체하는 방안을 생각하는 방법이다.	종이컵, 종이성냥, 발전소
결합하면 Combine	물질, 아이디어를 짜 맞출 수 없을까? 두 개 이상의 어휘, 물건, 개념, 인물 등 두 가지 이상의 것들을 결합하여 새로운 것으로 유발하기 위한 것이다.	복합기, 스마트폰
응용하면 Adapt	새로운 것을 알맞게 맞춰 쓸 수 없을까? 어떤 형태나 원리, 방법을 다른 분야의 조건이나 목적에 맞게 응용해 볼 수 있도록 생각을 유발하는 방법이다.	벨크로 찍찍이
수정하면 확대·축소 Modify	달리 만들거나 변형할 수 없을까? 어떤 것의 특성이나 모양 등을 변형하거나 확대 또는 축소하여 새로운 것을 생성하는 방법이다.	노트북, 전기면도기
다른 용도는 Put To Other Uses	조금 바꿔서 쓸 수 없을까? 어떤 사물이나 아이디어를 다른 방법으로 쓰는 방안을 생각한다. 기존에 쓰는 것을 사고의 방향을 약간 달리하여 다른 곳에서 요긴하게 사용할 수 있는 것으로 만들 수 있다.	버려진 비행기를 개조한 식당
삭제하면 Elimination	이 부분을 없애면 어떨까? 어떤 부분을 삭제, 소거, 생략시키면 어떨지를 생각한다. 필요한 것과 필요없는 것을 구분하고 선택할 수 있게 한다. 좋은 아이디어 속에도 부분적으로 삭제됨으로써 더욱 나은 것으로 거듭 날 수 있는 것이 있다.	컨버터블, 무선전화기, 휴대용 청소기
재배치하면 Rearrange	순서나 요소를 다르게 하면 어떨까? 순서나 배치를 달리하면 어떨지를 생각한다. 거꾸로 하거나 역할을 바꾸거나 순서를 바꾸는 방법, 원인과 결과를 바꾸는 등의 방법이 있다.	뒤집어쓰는 마요네즈, 정수기

chapter Ⅲ

Chapter 3 헤어아트 작업과정

Chapter 3

헤어아트 작업과정

1. 헤어아트 작업과정에 필요한 유기적 형태 표현방법[34]

1. 직접적 표현방법

직접적 표현방법은 형이하학적 표현이라고 하며, 경험적 인식으로 쉽게 이해할 수 있는 것을 직접적인 경험적 표현양식을 통하여 표현함으로써 이해를 빠르게 하는 방식으로 외형에서 직접적으로 느껴지는 유사한 사물의 유추에서 상상되는 표현형식을 가지며 사실적 기법에 의하여 조형적 측면에서 자연의 형상을 자연물과 유사하도록 조작하고 소재적 측면에서 자연적 소재를 사용하여 직접적 표현하는 것으로 구분한다.

(1) 조형적 측면

자연물의 형태를 헤어디자인에 그대로 반영한 것을 말하며 예술 범위에 맞추어 옮겨놓은 것으로 공간적 제약성과 시간적 한계성으로 인해 다양하게 활용되고 있지는 못하고 있다.

(2) 소재적 측면

자연물꽃, 나무 등을 활용하여 자연적 이미지를 유도하는 것으로 자연적인 요소를 장식적인 형태로 표현하거나 자연물의 형태를 그대로 헤어디자인에 반영하기 위해 활용되고 있고 자연을 쉽게 공감할 수 있는 표현기법으로 적극 활용하고 있으며 직접적으로 자연성을 느낄 수 있다는 장점이 있다.

2. 간접적 표현방법

간접적 표현방법은 형이상학적 표현이라고 하며, 경험적 인식으로는 포착하기 힘든 본질적이고 실체적인 문제들을 인간의 경험적 인식통로를 빌어서 표현하는 것으로 대상의 내재적인 질서나 법칙을 표현하는 우회적인 방법이다.

유추적 인식에 대한 의미전달 방식이라고 할 수 있는 암시적이고 추상적인 표현이 사용되며 디자인의 외형으로부터 벗어나 표면에 내재되어 있는 어떤 초월적 정신이나 의미가 깃든 상징으로 표현이 가능하고 직접적인 표현기법보다 한 차원 높은 창조적 표현기법으로 은유기법과 상징기법이 있다.[35)]

(1) 은유기법

은유는 어떤 대상의 성질, 상태, 과정을 표현하기 위해 유사한 다른 대상을 쓰는 수사적 수단의 비유로 정적쾌감을 유발하여 정서적 감동을 주고 모방과 변형을 통해 재구성함으로써 색다른 경험과 감동을 받을 수 있으며 디자이너의 의도를 알아내고 공감하며 간접적으로 느낄 수 있는 기법이다.

(2) 상징기법

상징은 마음속에 떠오르는 이미지로 사물을 전달하는 매개적 작용을 하는 것을 말하며 외형적 특성보다 내재적 질서를 관념화 시키고 추상적으로 표현하는 기법으로 보는 이의 주관적 관념에 의해 다를 수 있으며 심오하고 창조적인 디자인의 기법이다.

3. 절충적 표현방법

절충적 표현방법은 직접적 표현방법과 간접적 표현방법이 혼합된 유형으로 의미의 전달에 있어 의식적으로 이미지를 다양한 형태 부호를 통해 병치시키는 방법이다.[36)]

이러한 표현방법은 직접적 표현방법과 간접적 표현방법에서 나타날 수 있는 서로의 단점을 보완하고 장점을 살려 다양한 이미지를 조성할 수 있다.

2. 헤어아트 작업과정에 필요한 기술적 표현방법[36)]

no	그림	명칭	설명
1		분쇄하여 뿌리기	클리퍼를 이용하여 머리카락을 미세하게 분쇄하고 작품에 뿌리는 기법
2		빗고 펼치기	모발 피스를 목공용 풀을 이용하여 빗으로 빗질해 고정시키는 기법
3		펼치고 모으기	목공용 풀을 이용하여 곱게 펼친 후 끝을 모아 고정하는 기법
4		바느질	긴 모발을 실과 같은 용도로 사용하여 천, 종이와 같은 바탕에 바느질 또는 자수기법으로 표현하는 회화적인 형태의 기법
5		묶기	모발의 중심을 잡고 감아 묶는 기법
6		건조하여 굳히기	목공용 풀, 3M, 헤어스프레이, 순간접착제 등을 이용하여 작품의 견고한 고정을 위한 필수 기법
7		압축하기	분쇄한 모발을 목공용 풀과 섞어 원하는 모양으로 만들기 위해 모양 틀에 건조하여 압축시킨 후 형태를 유지하기 위한 기법
8		감기	사물에 모발을 감아 볼륨감을 조절할 수 있으며 기존 형태에 큰 변화가 없는 기법
9		감싸기	사물에 모발을 가지런히 빗어 기존의 형태가 보이지 않게 감싸는 기법
10		구부리기	모발의 직선적인 형태를 곡선의 느낌으로 연출하기 위해 구부려 형태를 만드는 기법
11		섞고 혼합하기	머리카락과 혼합물을 혼합하는 방법으로 형태변형이 가능한 기법

3. 조형적 헤어아트 작업방법 38)

실제로 헤어아트의 작품 과정인 헤어아트 디자인 구상 및 발상법, 헤어아트 스케치, 도면제작 및 예비조형물 제작, 조형물 제작, 완성된 작품의 작업방법을 알아본다.

1. 헤어아트 디자인 구상 및 발상법

조명과 둥근원형의 지구본과 같은 조형, 파도 치는 모습의 조형물에서 디자인 발상법의 시네틱스Synectics의 상징유추Symbolicanalogy방법을 이용하여 디자인을 구상해본다.

+

2. 헤어아트 스케치

첫 번째 그림처럼 두상에 파도와 둥근 조형을 상징유추하여 스케치를 한 후 여러 번의 시행착오 끝에 두 번째 그림의 디자인을 완성한다.

3. 도면제작 및 예비조형물 제작

스케치를 확대하여 도면을 그린 후 스티로폼에 절단 기계를 이용하여 썬틴지를 자르는 작업을 한다. 이렇게 최종 완성된 스티로폼 조형물을 가지고 FRP 유리 및 카본섬유로 강화된 플라스틱계 복합재료 공장을 방문한다.

4. 조형물 제작

스티로폼과 석고를 이용하여 본을 뜰 틀을 제작한 후 석고 틀에서 FRP를 이용하여 작품을 제작한 후 작품의 칠을 위해 매끄럽게 사포작업을 한다.

5. 완성된 작품

작품에 검정색의 칠을 한 후 광택을 입히는 작업과정을 거쳐 완성된 작품

4. 모발을 이용한 제작방법[38]

1. 모발을 이용한 헤어아트 작품에 필요한 도구와 재료

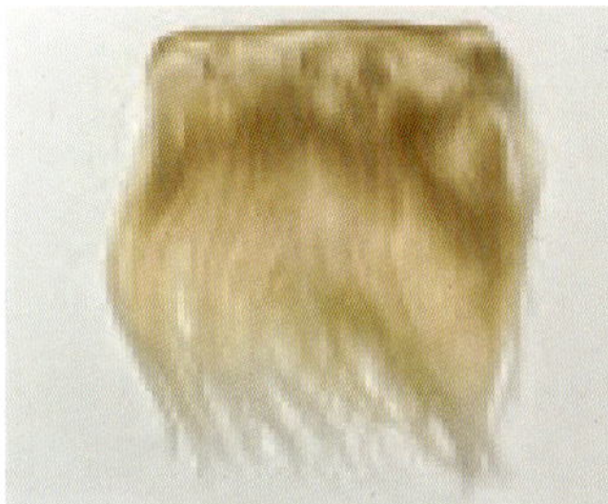
모발 피스

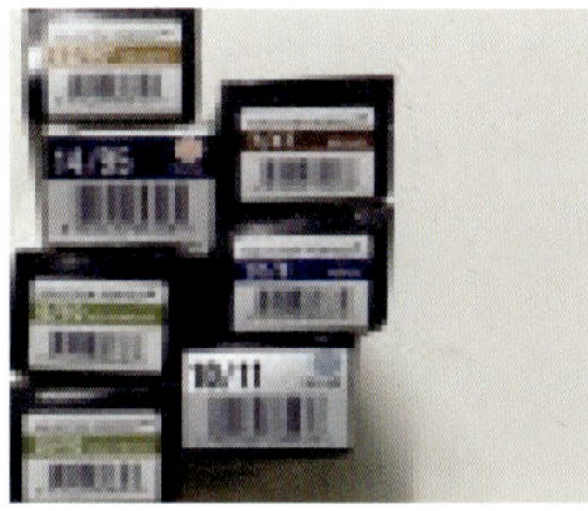

염모제

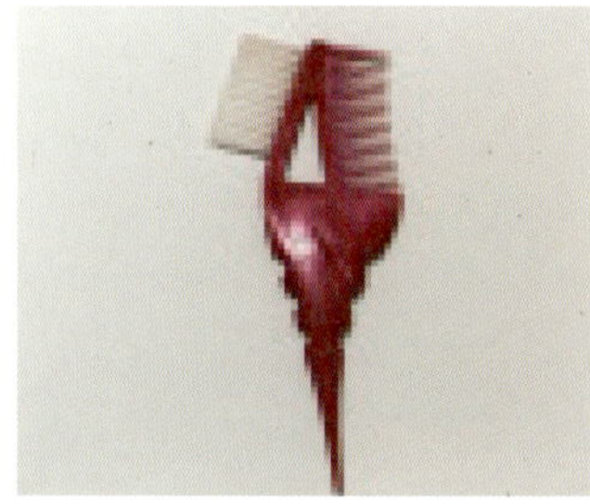
염색 브러시

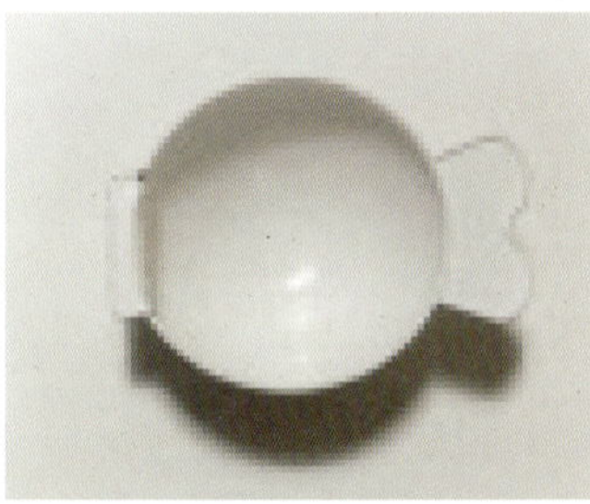
염색 볼

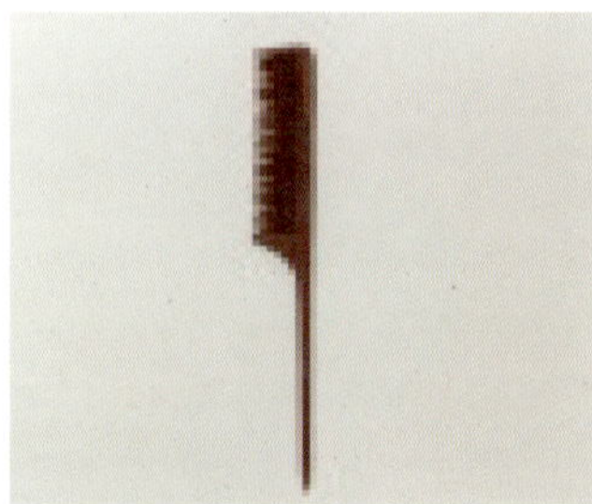
꼬리빗

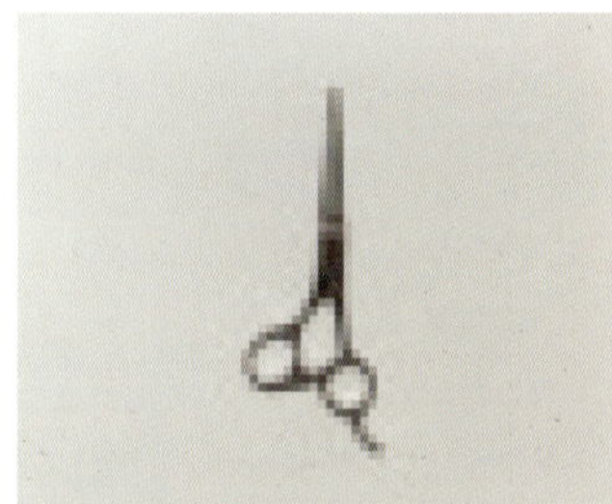
가위

클리퍼

플랫 아이론

종이 판넬

포스터 칼라

목공용 본드

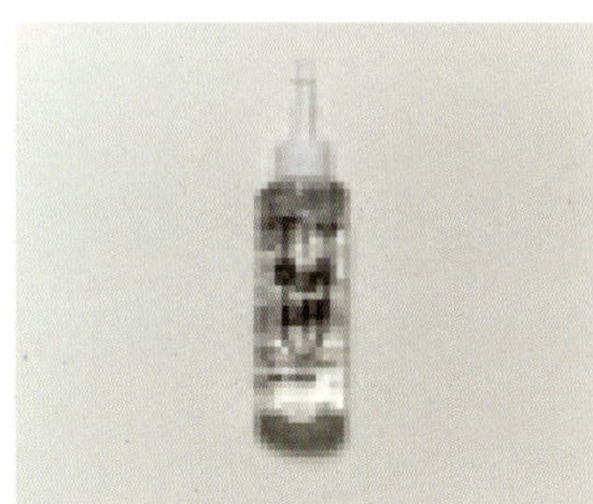
우드락 본드

2. 사전작업

① 염색을 하는 작업

② 염색작업이 완료된 모습

③ 클리퍼를 이용하여 모발을 분쇄하는 작업

④ 분쇄 작업이 끝난 모습

⑤ 피스를 만들기 위해 가지런히 빗질을 하는 작업

⑥ 목공용 풀을 피스에 바르는 작업

⑦ 목공용 풀이 뭉치지 않게 펴 바르는 작업

⑧ 피스를 굳히는 작업

⑨ ⑩ 굳은 피스를 자르는 작업

⑪ 아이론을 이용하여 모발을 구부리는 작업

⑫ 피스의 형태가 완성된 모습

3. 본 작업 작품명 _오색앵무도

1. 연필을 사용하여 종이 판넬에 스케치한 모습
2. 포스터 칼라를 사용하여 채색을 하는 작업

③ ④ 분쇄한 모발 파우더로 새의 머리 부분 작업

⑤ ⑥ 분쇄한 모발 파우더로 새의 배 부분 작업

⑦ ⑧ 모발 피스로 새의 입 부분 작업

⑨ ~ ⑬ 모발 피스로 새의 날개 부분 작업

⑭ 모발 피스로 나뭇가지 부분 작업

⑮ 모발 피스로 꽃 부분 작업

⑯ 완성된 작품

Memo

chapter Ⅳ

Chapter 4 디자인 요소별 작품

Chapter 4

디자인 요소별 작품

1. 선에 의한 헤어아트 작품

선線의 사전적 의미를 보면 '그어 금이나 줄로 가늘며 길게 뻗은 모양인 것', '길이만 있고 폭과 두께가 없는 것'이라고 정의되어 있다.

수학에서 폭과 두께가 없는 것을 선으로 정의하지만 미술이나 예술에서는 보이는 것을 전제로 하기 때문에 폭과 두께, 윤곽을 모두 한 가지로 묶어서 보는 측면이 있으며 하나의 의미로 정의하고 있다.

또한 선은 표현을 나타낼 수 있는 풍부한 수단이 자립적으로 시작 대상의 형태를 표현하는 윤곽의 의미의 이중기능을 가지고 있으며, 헤어아트에서 선의 개념은 단순한 사물의 형태를 재현하고 감정의 의미와 메시지를 담아 내적인 미를 승화시키는 의미이다.[40]

1. 직선

직선은 서로 다른 두 개의 점을 가장 빠르고 짧게 연장할 수 있는 선을 말하며 강직함, 명확함, 단순함, 차가움, 평탄함, 견실함, 의지적, 정적인 느낌을 표현할 수 있다.[41]

2. 곡선

곡선의 의미는 두 점을 이은 선 중 모나지 않고 부드럽게 구부러진 선으로 자연적인 동시에 율동적이다. 생명감과 활동성을 지니고 있으며 우아한 조화를 표현할 수 있다.[42]

3. 나선

나선은 부드러운 곡선의 하나로 물체의 겉모양이 빙빙 비뚤어진 것을 의미하고 한 점을 중심으로 감기는 듯한 부드러운 곡선을 말하며 자연 속에 존재하는 여러 가지의 유기적 형태에서 비롯하여 생활주변의 사물, 공감 및 조형 예술의 형태로 나타난다.[43]

한지연2005 – Sand[44]

지경숙2006 – 고뇌[45]

진병운2006 – Dream[46]

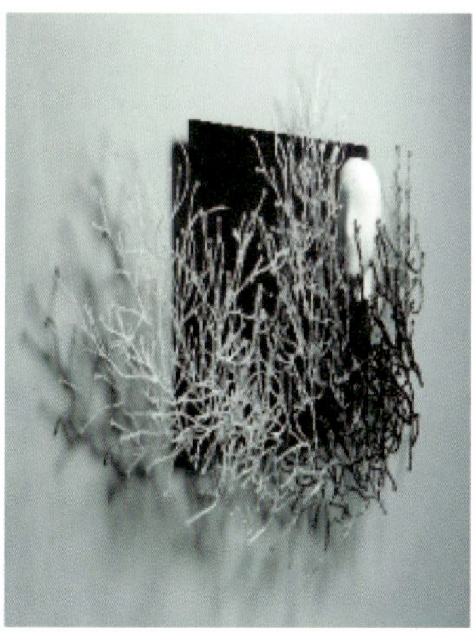

전성준2011 – 이性의 숲[47]

김정현2007 – 창포이슬[48]

이은주2005 – Tributaries[49]

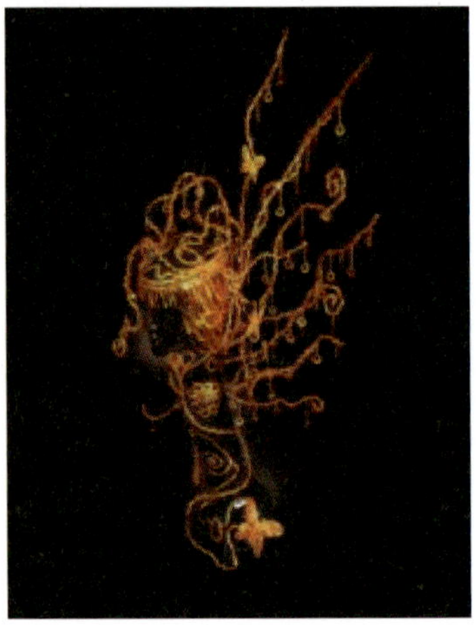

김관옥2006 – 빛의 하모니[50)]

오세옥2007 – 탄생[51)]

이영준2007
Singing in the Rain[52)]

김정현2008 – 햇귀[53)]

서화순2008
인간의 내면표현[54)]

이경희2008 – 환상[55)]

이옥현2010 – 여신[56)]

박주연2010 – 도취[57)]

김슬기2010 – 듣고 있어[58)]

전혜민 2009 – 사막의 꿈[59)]

함정란 2008 – 셀렘[60)]

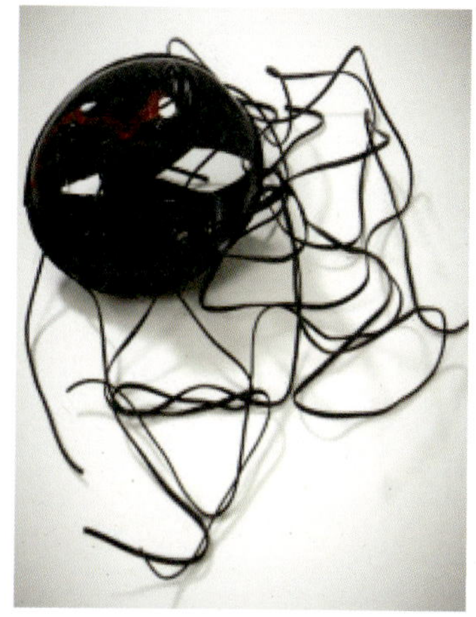

이규태 2008
현대인의 비탄[61)]

윤아람 2007 – 움직임[62)]

천안연암대학 2012 – 곡선[63)]

강무선 2005 – Cyborg[64)]

2. 형태에 의한 헤어아트 작품

형태의 사전적 의미는 형태Form 또는 형Shape, 형상과 같이 추상적인 평면적 도형의 의미로 사용되며 창의성과 조형성이 결부되어져 모든 디자인 부분에 기초가 된다.[65)]

1. 사각

사각형의 사전적 의미는 네 개의 꼭지각을 이루고 네 개의 선분으로 에워싸인 평면도형이라 하고, 각과 변에 따라 사다리꼴, 평행사변형, 직사각형, 마름모, 정사각형 등으로 나뉜다. 수평, 수직의 네 개 지선이 각각 존재하면서 하나의 완성된 개체를 완성하기 위해 지탱해 준 버팀목 역할을 하며 조화의 원리가 중시되는 조형이다.

정사각형은 네 각이 모두 직각이고 등변이 서로 직각으로 교차하여 침착함, 무게감, 폐쇄성을 나타낼 수 있고, 수직성과 수평선의 교차에서는 긴장감을 유발한다.

직사각형 중 수직으로 길게 뻗은 사각형의 형상은 '자유'의 가능성 느낌을 주고 반대로 양쪽 변의 길이가 짧아지면 외부로부터 압력을 받는 듯한 느낌을 준다.

2. 삼각

삼각형의 사전적 의미는 서로 맞닿은 세 개의 직선으로 싸인 평면의 부분 다각형 중에서 가장 간단하고 기초적인 것으로, 기하학적 성격이 매우 풍부한 도형으로 정의된다.

기하학적 형태는 3가지의 전형적인 각과 사선에서 교차로 둘러싸인 공간에 형태가 구성되는데 직각, 예각, 둔각으로 분류된다.

(1) 직각

차가운 느낌이 강하다.

(2) 예각

투쟁적이고 침략적인 느낌이 있다.

(3) 둔각

예각보다 긴장감이 떨어지고 면을 차지하려는 성향이 커 평면적인 느낌이 강하다.

3. 타원

타원은 삼각형, 사각형과 함께 도형의 기본을 이루고 중심의 한 점으로부터 받쳐진 힘이 사방으로 균등하게 작용하기 때문에 순환성, 안정성, 합리성, 정확성, 통일성, 운동성의 느낌을 주며 오래전부터 동양문화권에서 무한과 완성의 의미와 음양의 의미를 나타내기도 한다. 또한 심리적으로 긍정적이고 명료하며 자유롭고 정연한 느낌을 준다.

김동표2005 – Third eye[66)]

김서희2005 – 창호窓戶[67)]

박제희2005 – Honey Comb[68)]

신현영2011 – 현대인의 번뇌[69)]

박미정2011 – 와이라라파[70)]

김아름2008 – Genome[71)]

이지숙 2005
ART – Circle of circle inside[72]

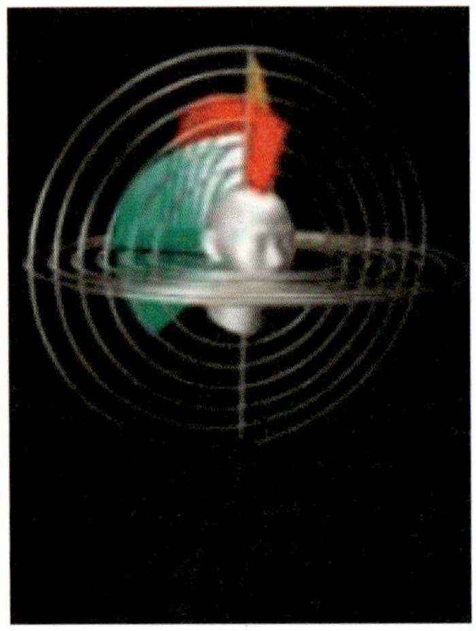

이진옥 2005
Hair&Celestial axis[73]

김서희 2006 – 기와[74]

김옥준 2006 – 시간[75]

박제희 2006 – Passion[76]

이혜영 2006
이성과 감성의 혼돈[77]

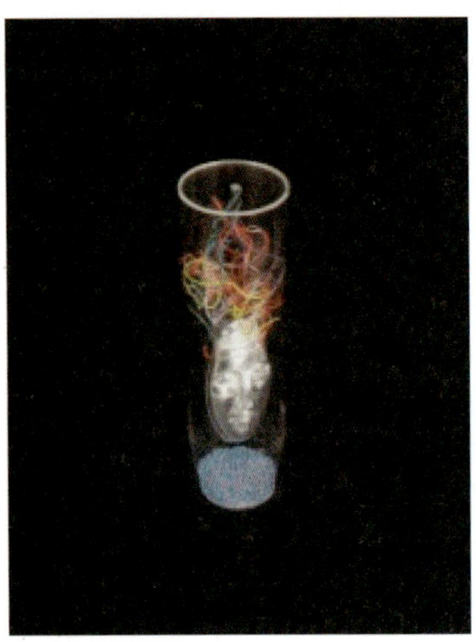

지정훈 2006 – 고뇌 苦惱[78]

허창호 2006 – Starting[79]

김진선 2010 – 잭슨폴록[80]

양은아2007 – 비상[81]

오경헌2007
헤어아트가 탄생하는 순간[82]

우수정2007 – 아르미스상[83]

권기형2010 – Interface[84]

석유나2008 – Ligh[85]

이명화2008
음과 양의 공간의 창조[86]

박선민2010 – Harmony[87]

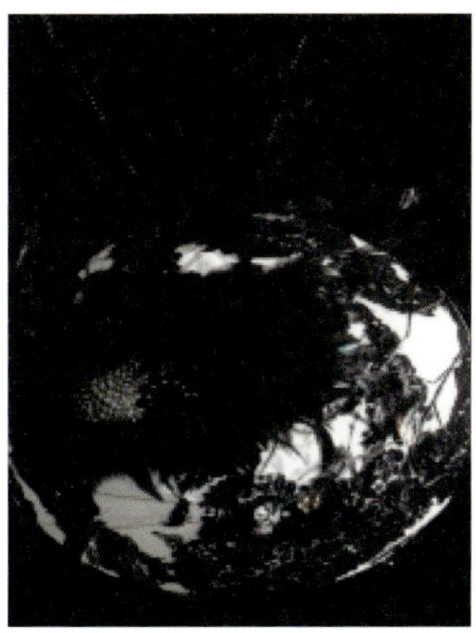

이언주2009 – 나르키소스[88]

홍서영2010 – 내면의 낮과 밤[89]

서예지2010
Overflowing with thoughts[90)]

천안연암대학2012 – 사각[91)]

천안연암대학2012 – 삼각[92)]

3. 색채에 의한 헤어아트 작품

색채Color란 광원태양, 인공광선으로부터 나오는 빛이 물체에 비추어 반사, 투과, 흡수될 때 눈의 망막과 시신경의 자극으로 감각되는 형상에 의해 나타난다. 색과 색채는 비슷한 개념적 의미로 사용되고 있으나 일반적으로 색채는 색보다는 좁은 의미로 사용되며 물체 또는 이미지에서 사용된 색들의 조합을 말한다.[93)]

1. 톤Tone

톤Tone은 색상과 관계되지 않고 색채의 2속성 가운데에서 명도와 채도의 복합적인 색조를 의미하고 일반적으로 이미지 감각으로 이해할 수 있으며 이러한 색 공간을 설정하고 있는 것이 PCCS 표색계이다. 일정한 감각과 질서를 가지고 있어 이미지를 반영하고 조화를 생각하기 쉽다.[94)]

톤약호		이미지
화려한 톤	vivid (V)	• 선명함, 강함, 맑음, 생생함, 주의를 끌기 • 쉽고 예민하며 활동적
	strong (S)	• vivid 색조보다 약간 탁함, 튼튼하고 충실한 • 실용적인 느낌
밝은 톤	bright (B)	밝고 맑으며 빛나는 보석의 느낌, 달고 향기로운 이미지
	pale (P)	사랑스러움, 감미로움, 꿈이 있는 분위기
	very pale (Vp)	부드러움이 있는 달콤한 감각
차분한 톤	light gray (Lgr)	산뜻하고 얌전하며, 정적인 이미지
	light (L)	온화하고 부드러운 이미지
	gray (G)	빛깔이 적기 때문에 시든 느낌
	dull (D)	차분하고 옛스러운 느낌
어두운 톤	deep (Dp)	감칠맛과 깊은 맛이 있는 충실한 느낌
	dark (Dk)	어둡고 격조 높은 안정된 분위기
	dark gray (Dgr)	검은 색에 가깝지만 딱딱하고 엄숙하고 치밀한 느낌
무채색	• 전체적으로 Cool한 이미지 • 흰색은 상쾌하고 검정색은 무게가 있고 딱딱한 느낌 • 회색은 밝은 것에서 어두운 것까지 있으며 온화한 느낌을 낼 때 사용하기 쉬움 • 무채색은 빛깔이 없기 때문에 다른 색을 효과적으로 돋보이게 함	

– 톤의 이미지[95] –

2. 배색

배색Color scheme이란 목적과 기능에 적합한 미적효과를 얻기 위해 여러 개의 색채를 의식적으로 맞추는 것으로 두 가지 이상의 색채 사이에서 발생하는 관계성의 조화를 통해 색이 사용되는 목적성을 극대화하여 인간의 시지각에 심미적 판단을 이끌어 낸다.[96]

(1) 색상을 주로 한 배색[97]

색의 삼속성의 차에 의한 배색, 즉 동일, 유사, 대조의 적당한 밸런스를 고려하여 배치하는 방법이다.

① **동일 색상 배색** : 다른 색을 일체 넣지 않은 배색, 조화감, 융화감이 있는 배색

② **유사 색상 배색** : 인접색상의 배색, 30~60 사이에 있는 색끼리 배색, 카미유배색단색화법과 포카미유 배색미묘한 색

③ **2색Bicolore배색** : 비콜로는 프랑스어로 2색의 뜻으로, 텍스타일 배색의 대중적인 배색방법

④ **3색Tricolore배색** : 'tri' 프랑스어로 3개라는 의미로 3색 배색을 트리코로 배색이라 하며 색상과 톤의 조합에 명쾌한 대조가 표현된다는 점이 특징

⑤ **반대색 배색** : 반대되는 색상을 맞추는 것을 말하며 보색관계

(2) 명도를 주로 한 배색[98)]

밝기의 차이로 가벼운 느낌, 무거운 느낌, 눈에 잘 띈다, 잘 띄지 않는다와 같이 배색의 효과를 좌우 하는 중요한 요소이다.

(3) 채도를 주로 한 배색

배색이 좋고 나쁨은 채도의 선택에 있다고 할 만큼 채도는 배색의 조화를 좌우하는 중요한 요소이며, 강한 느낌, 약한 느낌, 산뜻한 느낌을 나타내는 방법이다.

(4) 톤의 배색[99)]

톤을 통일시킴으로써 보다 조화된 아름다움을 얻을 수 있다.

① **톤 온 톤Tone on tone 배색** : '톤을 겹치다'란 의미로 동일색상으로 2개의 톤의 명도 차이를 비교적 크게 둔 배색

② **톤 인 톤Tone in tone 배색** : 비슷한 톤의 조합에 의한 배색 기법으로 색상은 톤 온 톤 배색과 같으며 동일 색상을 원칙으로 하고 인접 색 또는 유사색상의 범위 내에서 선택

③ **토널Tonal 배색** : 중명도, 중채도의 중간색계의 흐린 톤Dull tone을 이용하는 배색방법

천안연암대학2012 – 파랑새[100)]

천안연암대학2012 – 봄[101)]

천안연암대학2012
인어공주[102)]

김진숙 헤어아트[103)]

김진숙 헤어아트[104)]

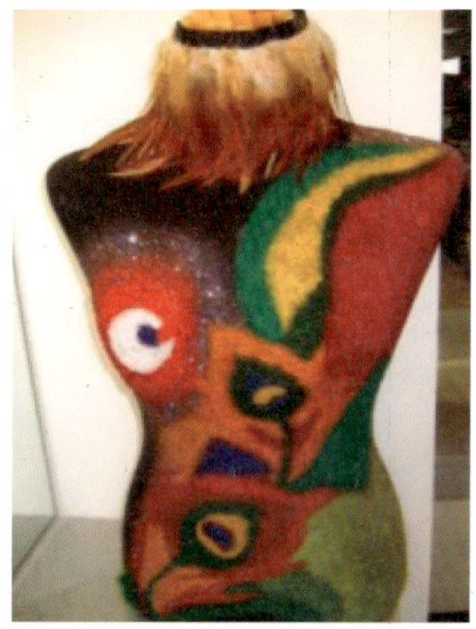

영산대학교 학생작품[105)]

이혜진2010 – Fusion Deco[106)]

장연희2011 – The Harmony[107)]

김별님2011 – 유리가면[108)]

4. 소재에 의한 헤어아트 작품[109)]

1. 유리

유리는 특유의 투광성, 다양하고 임의로운 색채의 발현성, 용이한 성형성, 비교적 큰 경도와 불투수성, 재생성 등을 지닌 물질이다. 고열에서 신축적으로 변형이 가능하며, 빛을 투과 반사하여 다양한 색과 질감을 표현할 수 있어 일상생활에 쓰이는 기능적 공예뿐만 아니라 예술품의 소재로도 널리 사용되고 있다.

이순희 2009 – Blaze[110)]

이현주, 오량 2009
ENERGY[111)]

김슬기외 4명 2011
Tow for One[112)]

최은숙 2005
The fantastic view in mirror[113)]

이혜영 2007 – 미래이탈[114)]

이현주 2008 – Trandsform[115)]

이영준 2006 – Limpid[116)]

박은준 2006 – 미풍[117)]

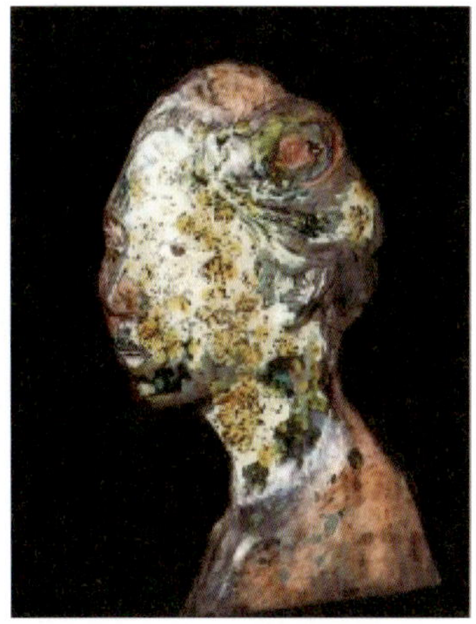

류경아 2011 – 건국대학교[118)]

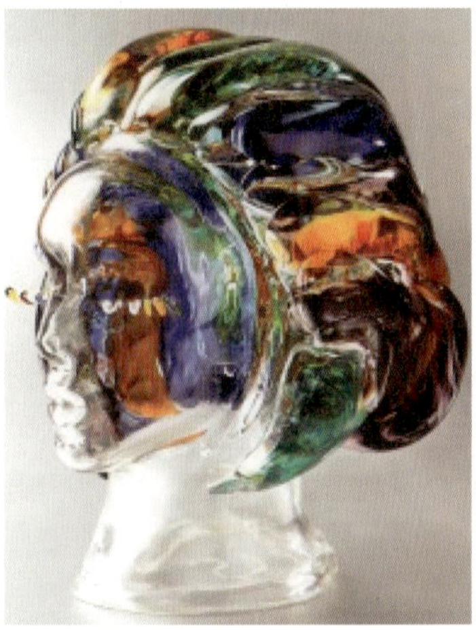

안혜라 2011 – 건국대학교[119)]

김정숙 2010 – 드림[120)]

권혜지 2010 – 내면의 연금술[121)]

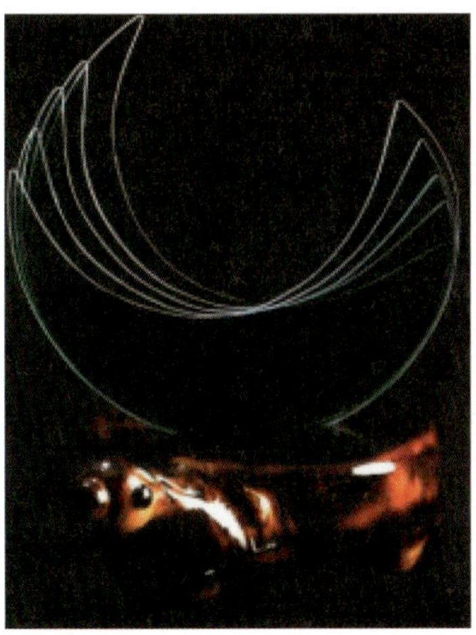

김정숙 2009 – 소망[122)]

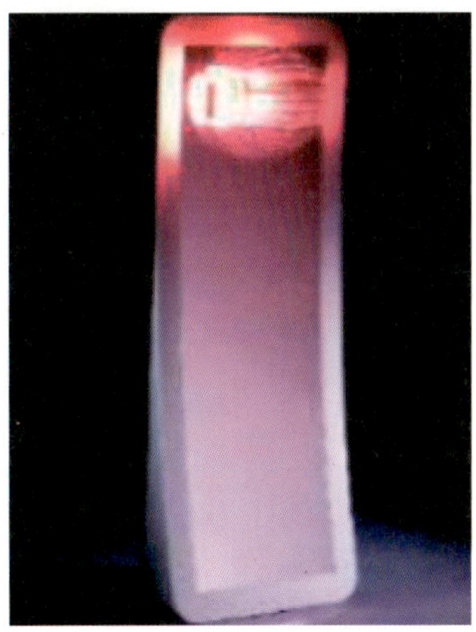

김태숙 2011 – 자화상[123)]

김우빈 2011
레지스탕스, 그리고 반전[124)]

2. 나무

나무는 환경과 시간의 흐름에 따라 그 변화가 수없이 반복되면서 자연의 질서 속으로 생성소멸해 가는 자연의 일부로 자연의 미를 가지고 있으며 나무의 자연스러운 곡선과 직선의 조화로운 선을 활용하여 헤어아트에 접목시킬 수 있다.

오미근2007 – 미래의 여유[125)]

허창호2005
STRETCH SPREAD[126)]

이명화2007
자연과 사람의 만남[127)]

김명희2007 – 세월의 무게[128)]

김민정2005 – Hatching[129)]

이수미2005
Hoped for an Autumn[130)]

서윤경2005
Woman of Korea[131)]

박성희2008 – 虛像[132)]

이수현2010 – Desire Tree[133)]

채선숙2008 – 여러 개의 원[134)]

천안연암대학2009 – 학생작품[135)]

김경숙2010 – Passoin[136)]

이정란2008
끝도 시작도 없는 동그라미[137)]

홍창미2007 – 생각[138)]

박경아2009 – 헤어홀릭[139)]

3. 금속

금속은 지구상에 존재하는 100여 종의 원소 중에서 고체가 되었을 때 광택이 나고, 전기 및 열을 잘 전달하며, 판처럼 얇게 펼칠 수 있다. 또한, 가는 실로 뽑을 수 있는 성질, 즉 전성展性 및 연성延性을 가진 홑원소 물질을 말하며 견고하고 단단한 금속의 성질을 이용하여 헤어아트에서 자유롭게 표현할 수 있다.[140]

김복환2005
The balance of power[141]

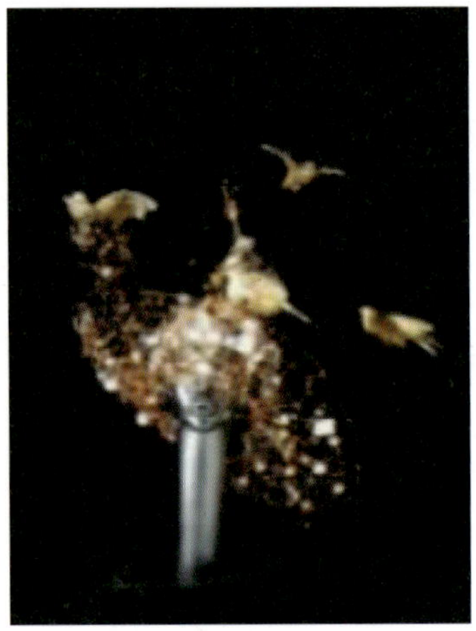

이미숙2005
Streching Imagination[142]

한성진2005 – REDIANCE[143]

이현진2005
Economic Tree[144]

안문경2005 – 飛上[145]

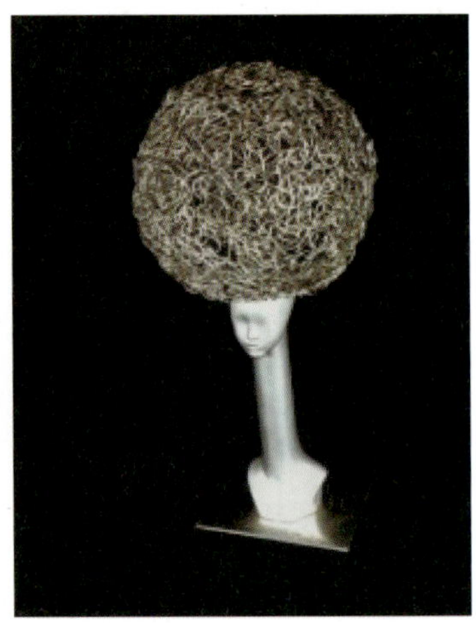

이진옥2006 – 공간[146]

손준석2005
Long neck Women[147)]

이경희2008 – 환상[148)]

김송희2009 – Kalos[149)]

최옥임2009 – 떠오르는 서경[150)]

임지현2010 – 함께[151)]

김정인2005
ART – Circle inside[152)]

강민아2011 – 새벽의 여신[153)]

이윤현2010 – 이브의 유혹[154)]

정민화2010
미니멀리즘의 비상[155)]

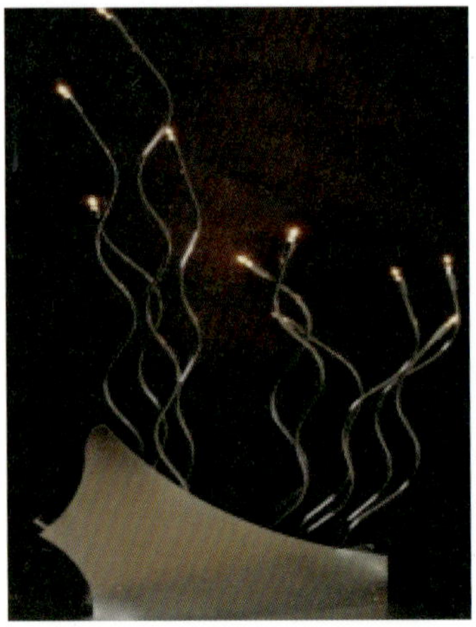

김관옥 2010 – 감념[156)]

최옥임 2010 – 권세와 사랑[157)]

김동분 2010 – 美의 상승[158)]

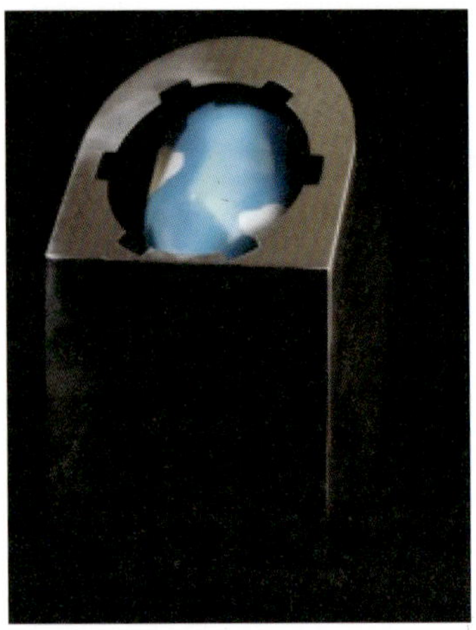

홍창미 2009
공간속의 초현실[159)]

양미숙 2010
Orging of styleing[160)]

오별외 3명 2011 – Passion[161)]

오순숙 2009 – Harmong[162)]

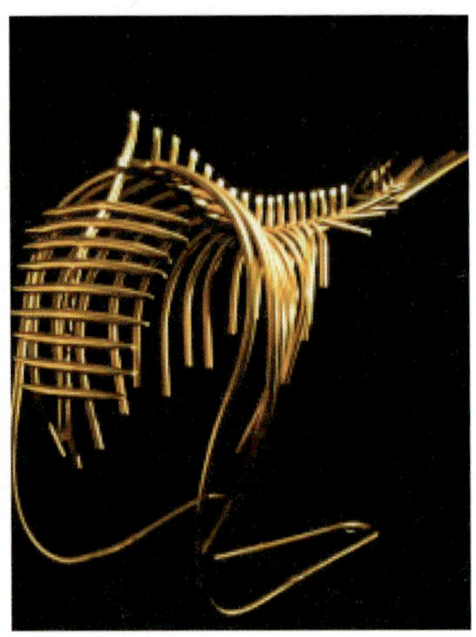

박미옥 2009
인체 형상화의 모티브[163)]

이현진 2008
Half a Dozen Cones[164)]

4. 미용재료

미용재료롯드, 가발, 핀셋, 롤 등를 이용하여 헤어아트를 창작하고 표현할 수 있으며 사람에게만 사용하는 미용의 재료는 현실감과 천연성이 있어 작품 연출 시 소재의 다양성을 보여준다.[165)]

김만태2005
ART – Circle inside[166)]

백인화2005
Waiting for Something[167)]

박상국2005
ART – Circle inside[168)]

김환2008 – 아프라삭스[169)]

김다희2010 – IN NATURE[170)]

박선영2010
Psychological tes[171)]

5. 조명

조명은 태양광에 의한 채광인 주광조명晝光照明과 전등 등의 인공광원에 의한 인공조명이 있으며, 어두움과 밝음, 그림자를 적절하게 연출함으로 쾌적한 환경을 창출할 수 있다. 헤어의 빛이 반사되어 연출되는 다양한 색감을 작품에 담을 수 있고 오묘함과 따뜻함의 두 가지 장점을 가지고 있다.[172]

오량2008 – Billiant Gyps[173]

도진아2007 – Whisper[174]

박성희2007 – 回想[175]

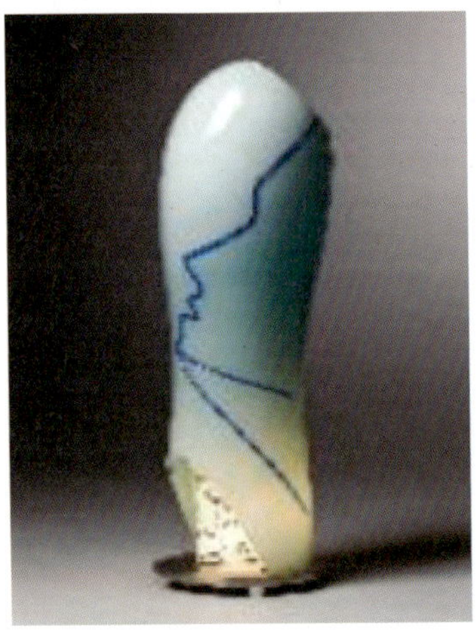

임지현2011 – 갈망[176]

김태숙, 공세미2011 – 왕관[177]

한가람2011
Internal Beauty[178]

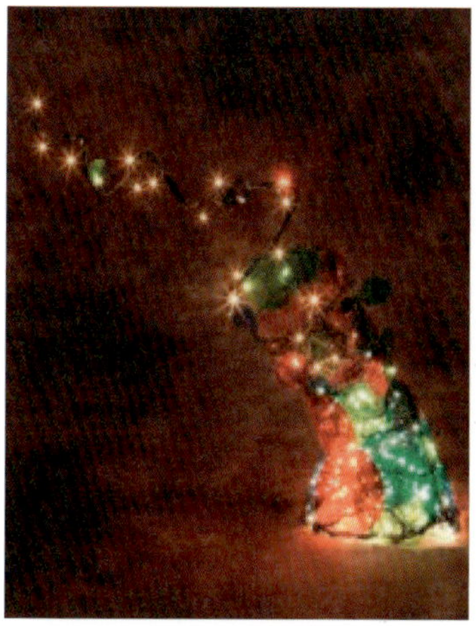

박선민 2007
내면속의 화려한 외출[179)]

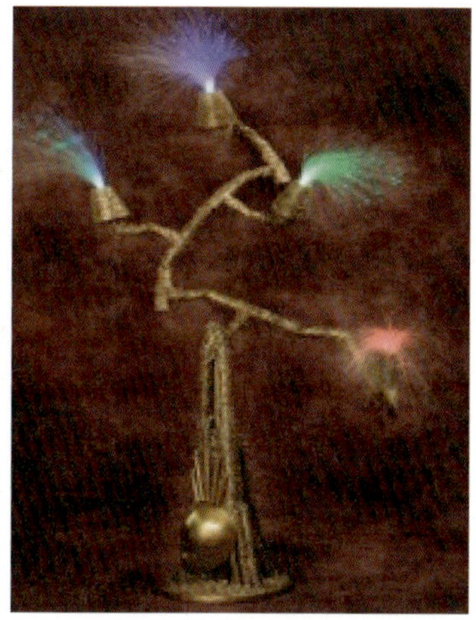

장미여 2007 – 빛의 축복[180)]

정인복 2007
빛나는 미래로[181)]

지경숙 2007 – 빛[182)]

임영미 2008 – 생명의 불꽃[183)]

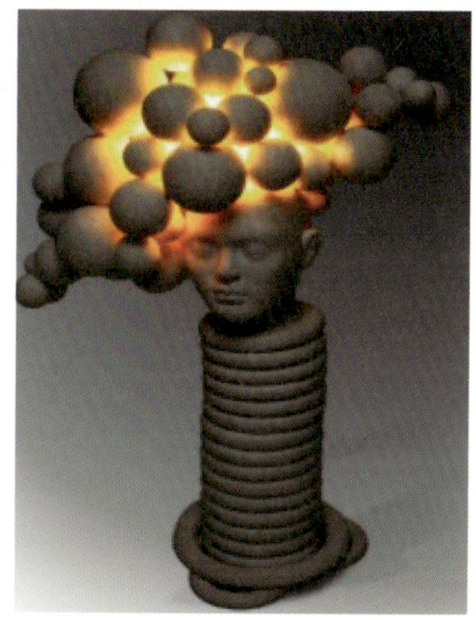

허선영 2008 – 발광[184)]

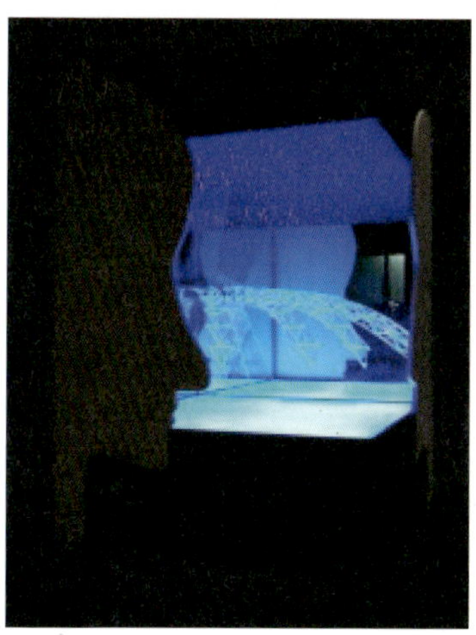

홍주영 2010 – Coexistance[185)]

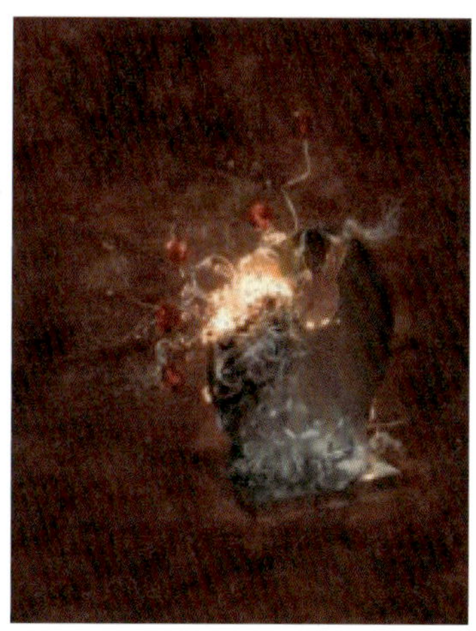

이경미 2007 – 빛의 환희[186)]

송다나 2010
동과 서의 미의 융합[187)]

5. 무늬에 의한 헤어아트 작품

무늬는 점, 선, 면, 색의 구성 또는 그들의 질서있는 배열로 이루어지며 독자성과 가치를 지니고 건축·회화·조각·공예 등의 모든 분야에 사용된다. 부적符籍과 같은 주술呪術부호, 권력과 존재들을 상징하고 식별부호로서의 기능을 지니기도 하나 근본적으로는 공백의 공포를 벗어나려는 본능적인 감정에서 출발하여 아름다운 것을 추구하며, 아름다워지고자 하는 소망을 충족하려는 의의가 있다.[188)]

영산대 학생 작품[189)]

임미지 외2011 – 인생의 석양[190)]

김혜영2011 – 자연[191)]

권기형2008 – 청초[192)]

양미숙2008 – Jongleuse[193)]

임미정 외 2명2009
New Trend[194)]

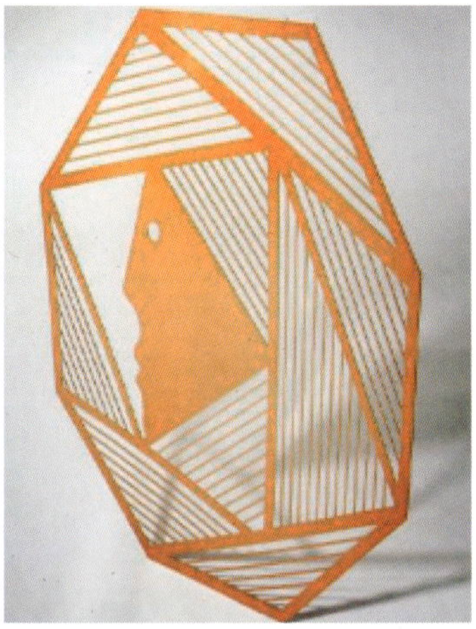
김혜영2011 – 생명[195)]

김혜영2011 – 기도[196)]

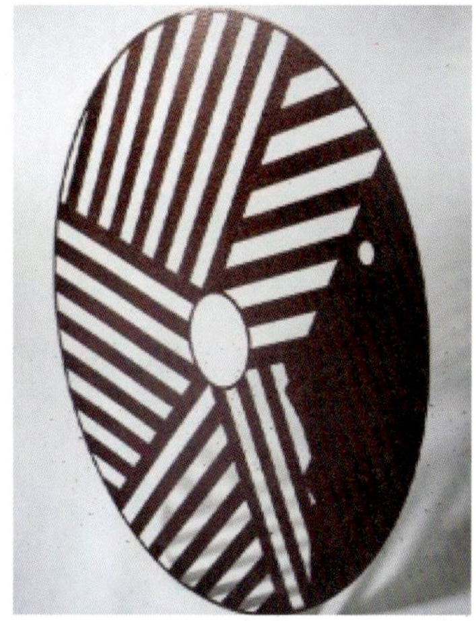
김혜영2011 – 부적[197)]

김은혜2009 – LOVE[198)]

권기형2007 – 매혹[199)]

이종순2007 – Dream[200)]

김혜영2011 – 영원[201)]

권기형2009 – 혼[202)]

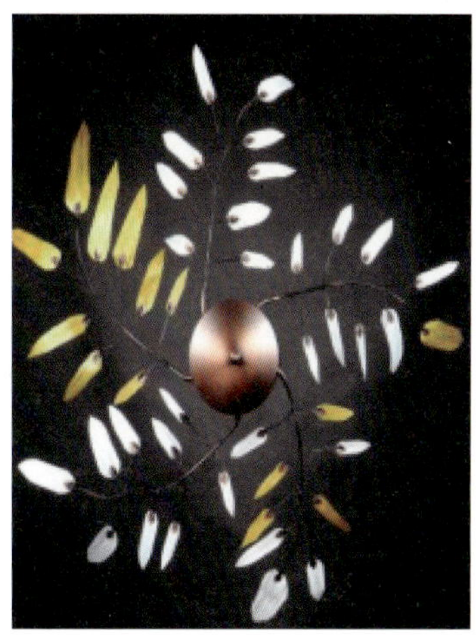
이형숙2010 – 손짓[203)]

6. 역사성에 의한 헤어아트 작품

가면을 이용하여 원시시대부터 중세시대의 모습을 표현하고 마네킹과 석고상 위에 아트적으로 표현하였다.[204)]

정의정2007 – 연속파장[205)]

김연희2011 – 유혹[206)]

박련화2011 – MUTATION[207)]

육정신2011 – 아르누보[208)]

박정민2010
Temptation of Venus[209)]

임현순2011 – 로카이유[210)]

박애순 2007
꿈..홀로서기[211)]

강진희 2011 – 비상[212)]

김용선 2011
느낌과 생각[213)]

최은숙 2011
바로크 진주를 만나다[214)]

심재숙 2011 – Nymph[215)]

양규실 2007 – 거울의 방[216)]

유정은 2011 – 공존[217)]

최혜경 2011 – 이중자아[218)]

양규실 2007 – 만찬[219)]

7. 자연조형에 의한 헤어아트 작품

인간과 자연동·식물을 표현한 작품으로 식물의 잎과 줄기, 뿌리로 헤어의 자연스런 모습을 연출하였으며 자연미를 볼 수 있다.

오경현2005
FEMME FATALE[220)]

진병운2005 – 春香221

김숙자2007 – 자원[222)]

채선숙2005
단군일백오십대손[223)]

양태경2006 – 희망[224)]

김다희2009
바람의 화원[225)]

8. 생활용품 및 재활용품을 이용한 헤어아트 작품

일상생활에서 사용하는 용품들이나 버려진 용품들을 재활용하여 만든 작품으로 헤어아트로 흔히 볼 수 있는 스티로폼, 타이어, 양초, 종이, 수저 등을 이용하여 다양한 표현이 가능하다.[226]

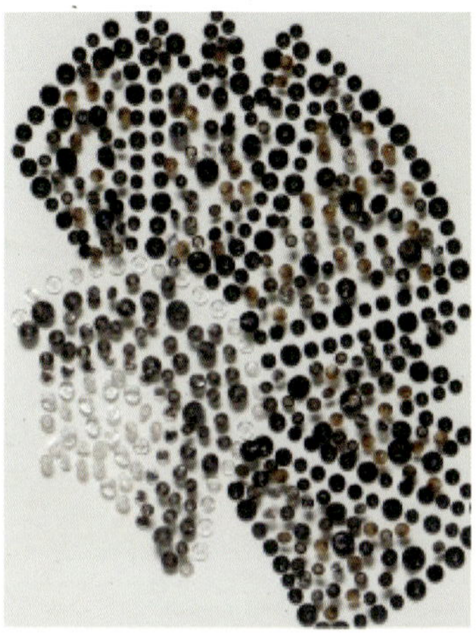

오별 2010
Structure graphics[227]

안채리 2010 – 환영[228]

임미정 2008 – 순결[229]

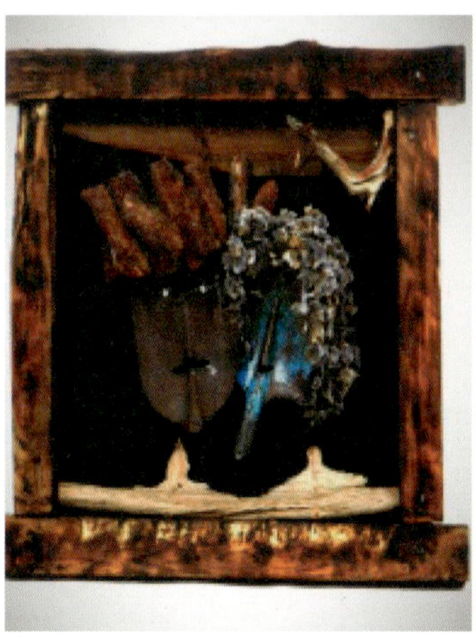

김명희 2008 – We Life[230]

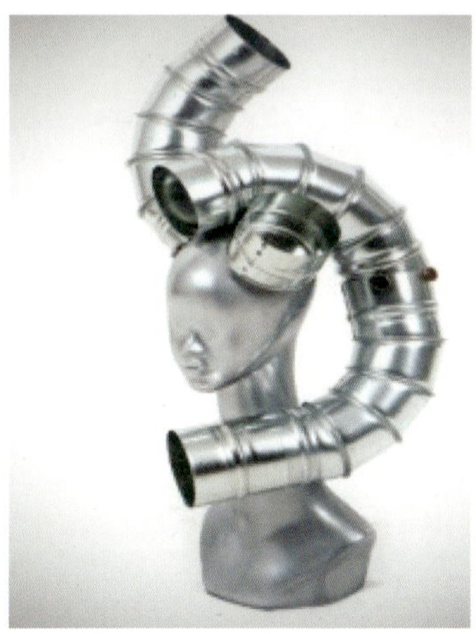

김명우 2008
미니멀리즘[231]

이정란 2008
끝도 시작도 없는 동그라미[232]

9. 컴퓨터 그래픽을 이용한 헤어아트 작품

컴퓨터의 발전으로 세밀한 작업까지 가능하며 쉽게 변형이 가능하고 작품 위에 추가로 이미지를 더할 수도 있으며 상상만 했던 것들을 실제적으로 표현가능하다.[233)]

박상국 2006 – 즉흥[234)]

이중민 2006
Born from the circle[235)]

하희정 2006 – 태엽[236)]

박영옥 2007 – 마술[237)]

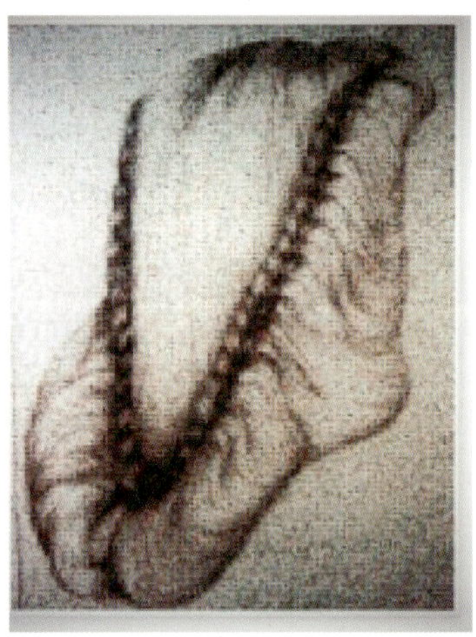

양은진 2008
INSPIRATION[238)]

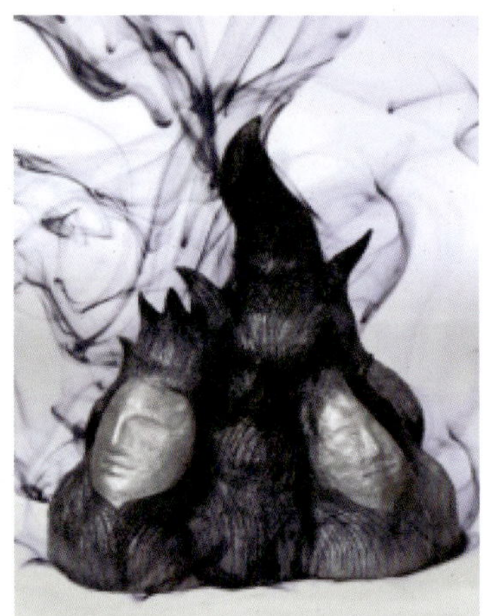

김시내 2010 – 흐름[239)]

chapter V

Chapter 5 모발을 소재로 표현한 헤어아트 작품

Chapter 5

모발을 소재로 표현한 헤어아트 작품

1. 미용산업문화협회 헤어아트 작품

박은준2020 – 청정淸正[240]

임지현2020 – 춘몽春夢[241]

박명희2020 – 향餘香[242]

임미지2020 – 은향闇香[243]

이선영2020 – 향기香氣[244]

장용운2020 – 매화수梅花水[245]

사군자四君子: 고결固結

박은준2020 – 신信[246)]

김지영2020 – 인仁[247)]

김지영2020 – 예禮[248)]

최지연2020– 지智[249)]

최지연2020 – 의義[250)]

사군자四君子 : 오상五常

박은준2020 – 열정熱情[251)]

권은실2020 – 지혜智慧[252)]

임윤경2020 – 평화平和[253)]

전근옥2020 – 고결高潔[254)]

김영래2020 – 청초淸楚[255)]

최부경2020 – 성실誠實[256)]

사군자四君子 : 오상고절傲霜孤節

김우빈 2020 – 득도得度[257)]

박정은 2020 – 절개節槪[258)]

김경희 2020 – 지조志操[259)]

이유림 2020 – 청렴淸廉[260)]

강금이 2020 – 군자君子[261)]

사군자四君子 : 위풍衛風

박은준 2020
어두운 빛에 쌓인 꽃잎[262)]

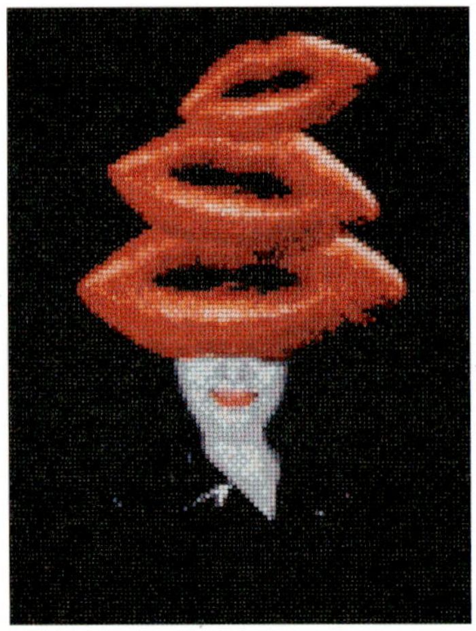

임지현 2020 – 황홀한 빛[263)]

김우빈 2020
빛이 머무는 공간[264)]

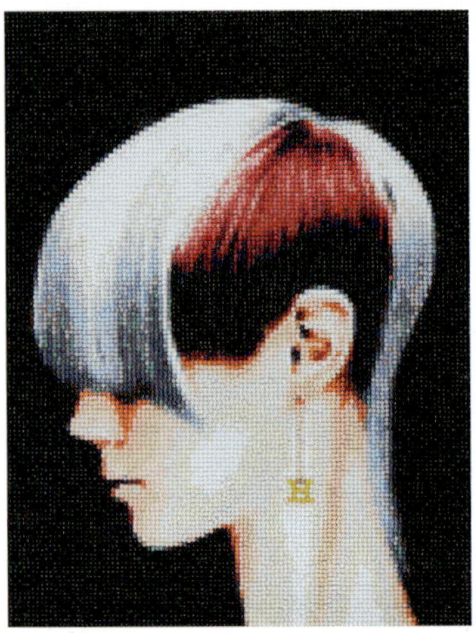

박명희 2020 – 오색빛[265)]

권은실 2020 – 光明광명[266)]

박정은 2020 – 천년의 빛[267)]

김경희 2020 – 빛의 시간[268)]

임윤경 2020 – 빛과 그림자[269)]

전근옥 2020 – 그림자Shadow[270)]

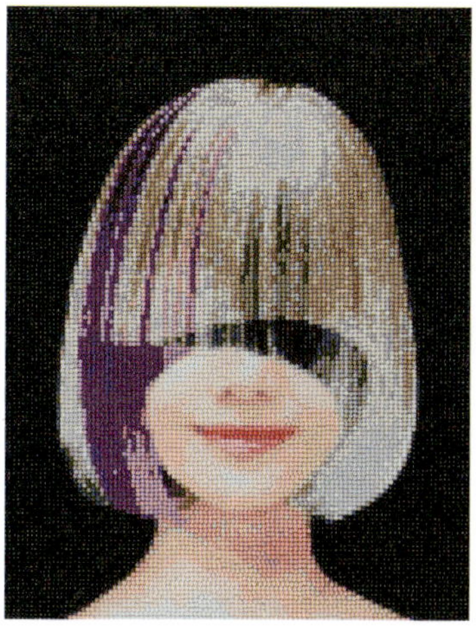

김지영2020 – 빛의 향연[271)]

이유림2020 – 빛의연정[272)]

강금이2020 – 빛과 희망[273)]

최지연2020 – 빛의 가치[274)]

최부경2020 – 빛과 어두움[275)]

이선영2020 – 빛의 진리[276)]

장용운2020
빛의 파라다이스[278)]

김영래2020 – 달빛여왕[279)]

박은준2020 – 무제[280)]

박은준 2021 – Passion[281)]

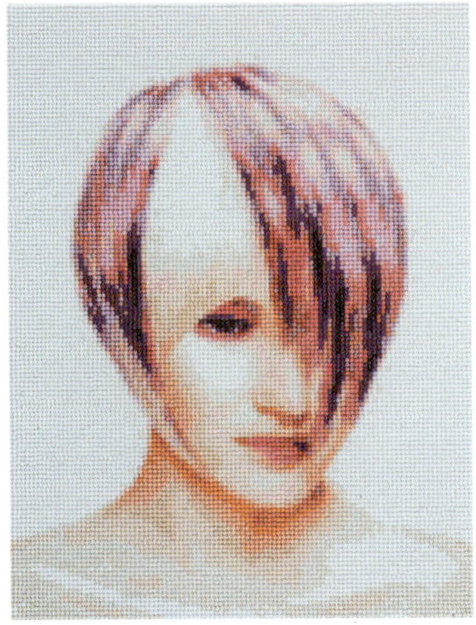

김우빈 2021 – Ferociously[282)]

박명희 2021 – Pleasure[283)]

권은실 2021 – Wise[284)]

박정은 2021 – Promise[285)]

김경희 2021 – Tenacity[286)]

임윤경 2021 – Positive[287)]

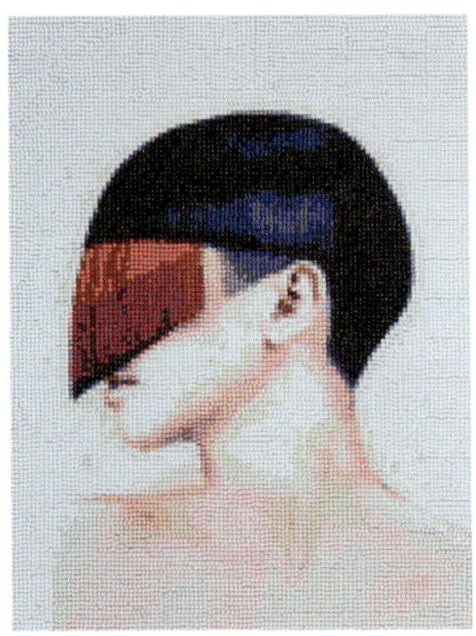

전근옥 2021 – Effort[288)]

김지영 2021
Progressiveness[289)]

이유림 2021 – Wish[290)]

강금이 2021
Courage for dreams[291)]

최지연 2021 – Hope[292)]

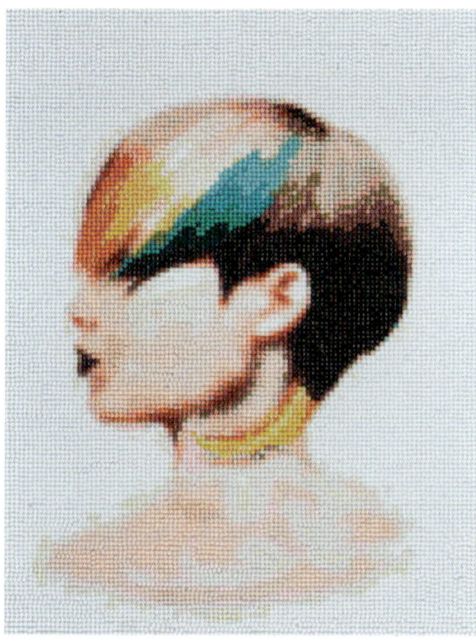

최부경 2021 – Dream[293)]

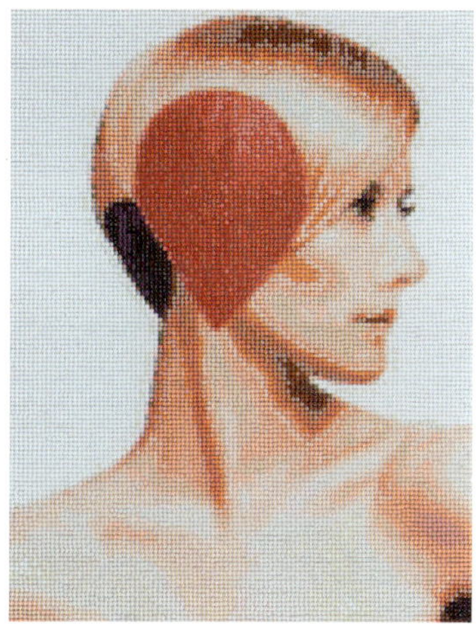

이선영 2021 – Beginning[294)]

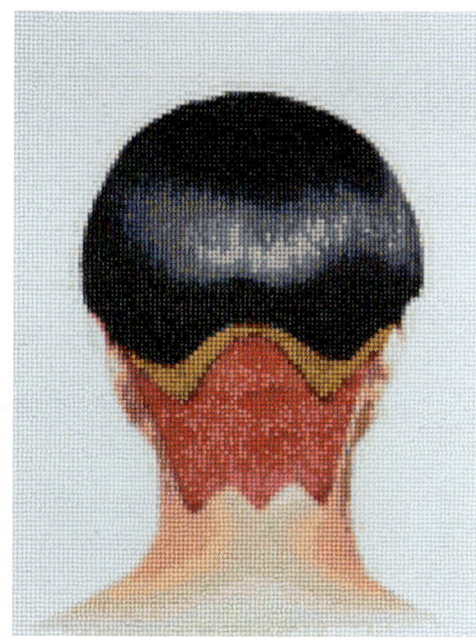

장용운 2021 – Challenge[295)]

박은준 2021 – 무제[296)]

김우빈2020 – 입춘 立春[297)]

나지하2020 – 우수 雨水[298)]

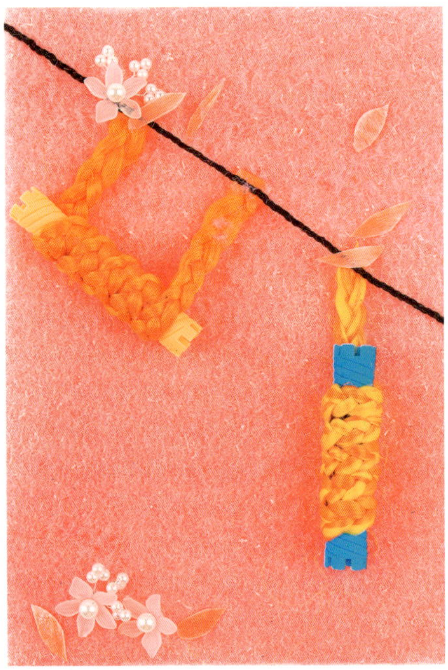

박정은2020 – 경칩 驚蟄[299)]

임윤경2020 – 청명 淸明[300)]

시선 視線: 봄

권은실2020 – 입하立夏[301)]

김경희2020 – 하지夏至[302)]

이명환2020 – 소서小暑[303)]

이유림2020 – 대서大暑[304)]

시선視線: 여름

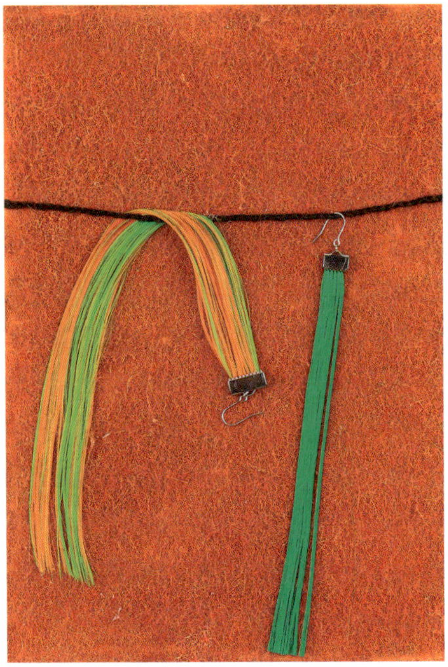

김지영2020 – 입추 立秋[305)]

박은준2020 – 백로 白露[306)]

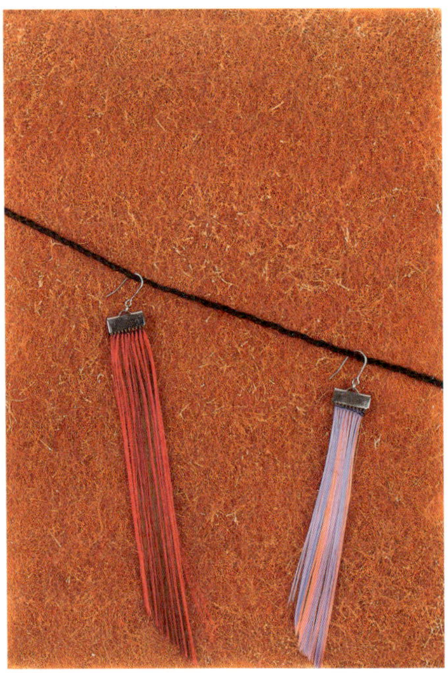

손과희2020 – 추분 秋分[307)]

최지연2020 – 한로 寒露[308)]

시선 視線: 가을

김병국2020 – 입동 立冬[309)]

이선영2020 – 대설 大雪[310)]

장용운2020 – 대한 大寒[311)]

시선 視線: 겨울

박은준2021 – 윤슬312)

김우빈2021 – 늘해랑313)

박명희2021 – 별하314)

권은실2021 – Rosa 로사315)

박정은2021 – 외출 外出316)

김경희2021 – 소통 疏通317)

임윤경2021
New–tro Lady318)

김지영2021 – 은가비319)

이유림2021 – Artistic320)

나지하2021
Variety 버라이어티[321)]

이선영2021 – 기억[322)]

장용운2021 – 삶[323)]

김병국2021 – 향초[325)]

손과희2021
Real Magic 리얼매직[326)]

이명환2021 – 기다림[327)]

박은준 2023 – 청연 青煙[328]

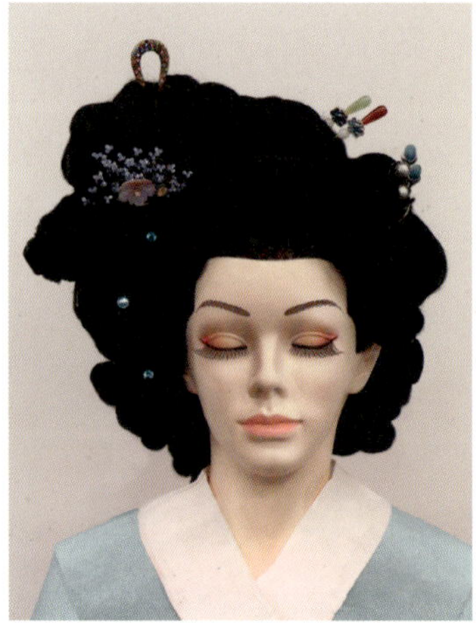

김우빈 2023 – 은가비[329]

민인숙 2023 – 화중화 花中花[330]

박명희 2023 – 미화 美花[331]

권은실 2023 – 미체 美髢[332]

박정은 2023 – 월하 月下[333]

차경희 2023 – 가희 佳曦[334]

임미지 2023 – 희 喜[335]

김경희 2023 – 이음[336]

임윤경2023 – 무궁화[337)]

전근옥2023 – 곡선[338)]

김영래2023 – 해당화[339)]

김지영2023 – 설중화雪中花[340)]

최지연2023 – 온화溫和[341)]

최부경2023 – 가희[342)]

이선영2023 – 기다림[343)]

장용운2023 – 거울[344)]

이명환2023 – 어우러지다[345)]

2. 서경대학교 헤어아트 작품

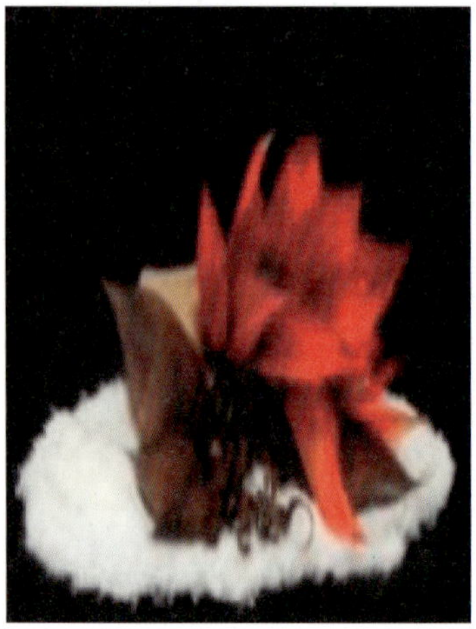

이영주2005 – Wind[346)]

배기연2007 – 자유[347)]

진용미2007 – The Present[348)]

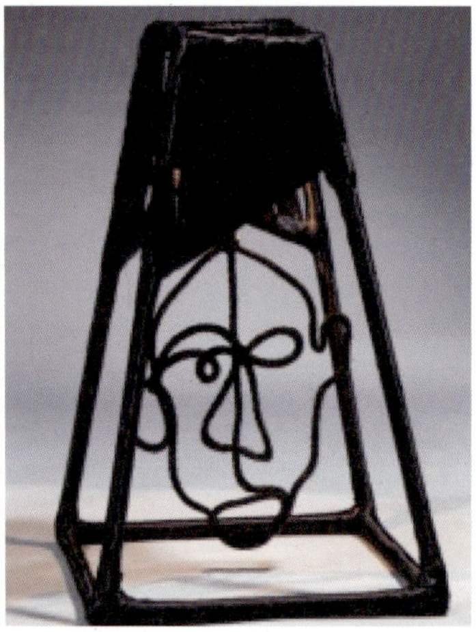

임미지2010 – 狀, 相[349)]

김진아2010 – 하나[350)]

박지선2008 – 매듭[351)]

이복희2007 – 글로컬리즘[352)]

황동주2011 – 자연은 자유다[353)]

이경숙2010 – 큐비즘[354)]

권금순2015 – ...기다림[355)]

이현우2015
Flower of Immortal
시들지 않는 꽃[356)]

김수정2015 – 피어오름[357)]

김종인2015
가슴 설레게 하는 꽃[358)]

김태희2015 – 오로라공주[359)]

김현우2015 – 두근두근[360)]

김혜진2015 – 첫사랑[361)]

문수진2015
무궁화 꽃이 피었습니다[362)]

민향숙2015
카라꽃 : 천년의 사랑[363)]

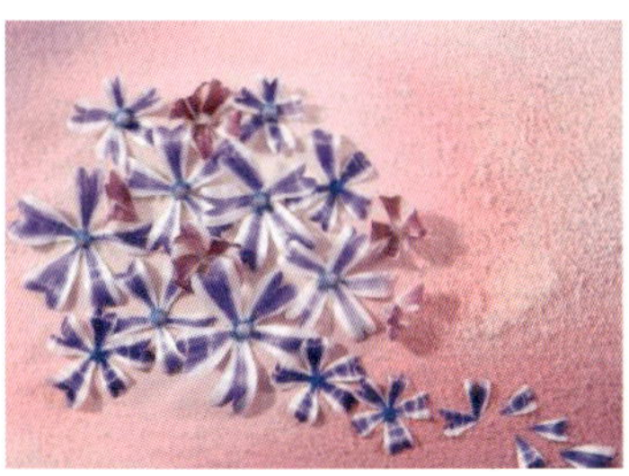

이효진2015
단란한 가족[364)]

박혜인2015
꽃보다 꽃잔디[365)]

백송희2015 – 미생未生[366)]

엄성욱2015 – 전염[367)]

용선화2015 – 보랏빛 향연[368)]

장혜선2015 – 무지개 빛[369)]

유동민2015 – 환[370)]

황혜령2015
겨울꽃이 핀다[371)]

이종국2015 – 사색[372)]

최서진2016
알 수 없는 바다[373)]

김소희2016
Zenia & Becky[374)]

강수지2018 – Taurus[375)]

김서희2018 – 마릴린 먼로[376)]

김영은2018 – 꽃의 향연[377)]

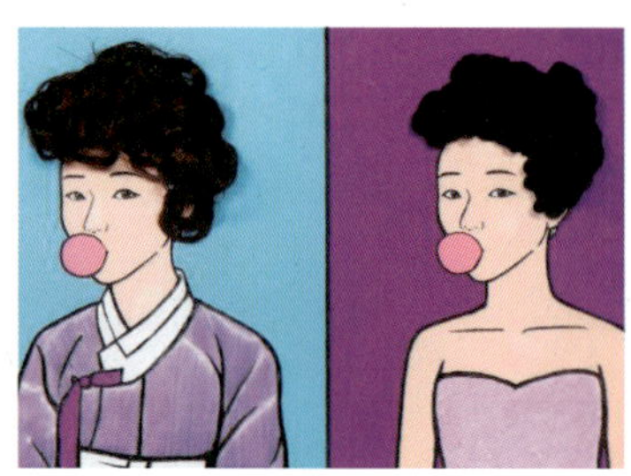

고은애2018
과거와 현재의 융합[378)]

안예은 2018 – 그날을 담다[379]

이다혜 2018
화양연화 化樣年華[380]

김성경 2018
Metrosexual 매트로섹슈얼[381]

최이안 2018
무심한 듯 시크하게[382]

허은진 2016 – 플라밍고[383]

김지혜 2019 – 사계鹿[384]

박지은 2019 – 설부 雪膚[385]

박진혁 2019
Moana 모아나[386]

박태준 2019
가면 속 우울한 여인[387]

신차니 2019 – 봄나들이[388]

엄지애 2019
大韓獨立萬歲 대한독립만세[389]

이재림 2019 – 희망[390]

천성윤2019 – 7월의 그녀[391)]

최혜인2019
Children Dream[392)]

표정우2019
구르미 그린 달빛[393)]

김은선2019 – 내면의 평화[394)]

나세연2019
여름饗宴 향연[395)]

나세연2019
반딧불이 축제[396)]

이혜민2019 – 한국의 멋[397)]

임태련2019
飛行 비행[398)]

최선화2019
梅邊有別春 매변유별춘[399)]

김소희2016
O fiú 소년이여=헝기리어[400]

서다민2016 – 3人3色[401]

서다민2016
마담의 초상화[402]

손과희20216 – Phantasie 몽환[403]

손과희2016 – Fusione 융합[404]

권회웅2016 – Volume[405]

권회웅2016 – 르네상스[406]

임진주2016 – 여인의 상像[407]

임진주2016
그녀의 날리는 머릿결[408]

허유미2016 – 어둠에서의 빛409)

허유미2016 – 중후한 1930's410)

허은진2016 – 신사의 품격411)

임다영2016
로맨틱 라이언412)

장현우2016
九貼頒毛 구첩반모413)

정대희2016
중세마담의 미414)

홍승필2016 – Gelock 곱슬머리415)

김소미2018 – 색色416)

김한별2018 – 소확행417)

김혜린 2018 – 머메이드 인어[418)]

남윤이 2018 – 장미화관[419)]

이원해 2018 – 밤 선비[420)]

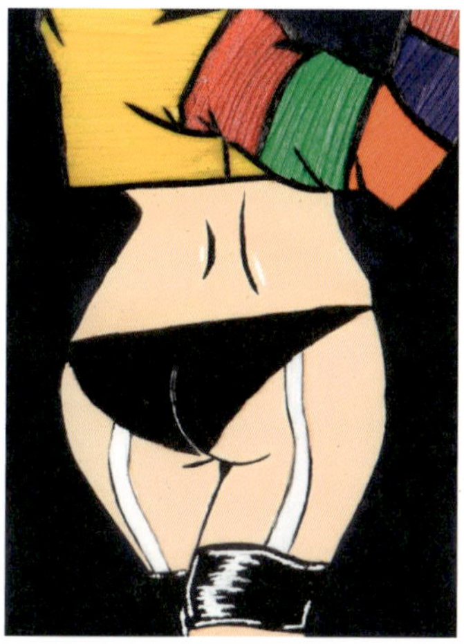

김미연 2018 – 허점 속 인정[421)]

박수은 2018 – 욕망 性欲[422)]

최진실 2018 – Show me a true[423)]

류영광 2018 – Beauty in us[424)]

손서영 2018 – 現母良妻[425)]

최종문 2018 – 예뻐질거야[426)]

최영조2018
끝맺음 속 직핍하는 안온[427)]

현수진2018
복고! 유행은 돌고 돈다[428)]

현수진2018
고전의 아름다움, 그 자체[429)]

김미선2019
환한 꽃 세[430)]

김미선2019
꽃을 쓴 소녀[431)]

김소연2019
환상 속 상상[432)]

김소연2019 – 봄의[433)]

김지혜2019
팜므파탈 Femme Fatale[434)]

박린주2019 – Elsa[435)]

박린주2019 – 봄 내음[436)]

박인우2019 – 순간[437)]

박인우2019
RAIN DANCE[438)]

박지은2019 – 헤향 헤어의 향기[439)]

박진혁2019 – 父母 부모[440)]

박태준2019 – 풋사랑[441)]

백준성2019 – 꽃피는 소년[442)]

백준성2019 – 5월의 꽃[443)]

서하영2019 – Spring_상상[444)]

서하영2019 – Spring_사랑[445]

성경록2019
뉴질랜드의 산타[446]

성경록2019
부패와 아름다움[447]

손소혜2019 – 4월의 신부[448]

손소혜2019 – 그리운 여름 밤[449]

송예린2019 – 파란 금붕어[450]

송예린2019 – Dream[451]

안지은2019 – 여름휴가의 상처[452]

엄지애2019 – 悲 슬플비[453]

엄지애 2019
春風 춘풍. 봄바람[454)]

엄지애 2019
a Seaside Woman[455)]

원애 2019 – 天地 천지[456)]

원애 2019
The Queen of Spring 봄의 여왕[457)]

이재림 2019 – 지지 않는 꽃[458)]

전은지 2019 – 첫 사랑[459)]

전은지 2019 – Hair of the Sea[460)]

채은설 2019 – 빗속의 삐에로[461)]

채은설 2019 – 새로운 시작[462)]

천성윤2019 – 秋雪추설[463)]

최지현2019
The Bride Of Spring[464)]

최지현2019
尺雪척설 소녀[465)]

최지혜2019
여자가 사랑할 때[466)]

최지혜2019
남자가 사랑할 때[467)]

최혜인2019
그 봄, 꽃에 파묻히다[468)]

표정우2019
현대판 계룡 선녀전[469)]

한은지2019 – Midnight[470)]

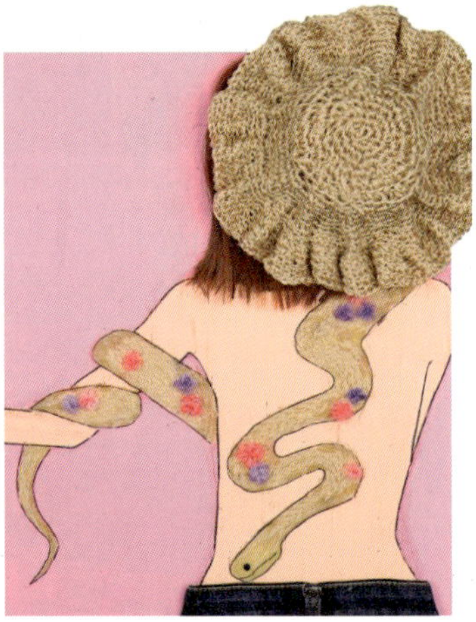

한은지2019 – 애완愛玩[471)]

홍희주2019 – Summer472)

홍희주2019 – 여인의 향기473)

김은선2019 – 인연의 실474)

오승미2019 – 그 이상의 생각475)

오승미2019 – 상징의 美476)

이혜민2019 – 미美477)

임태련2019 – 邊 속의 馬478)

최선화2019 – 虎鵲圖 호작도479)

권금순2015 – 왕의女子[480)]

김선아2015 – 나비[481)]

김수정2015 – 妖花요화[482)]

김종인2015 – 시집가는 날[483)]

김태희2015 – 금장女[484)]

김현우2015 – 明月명월[485)]

김혜진2015 – 미상[486)]

문수진2015 – 화려한 외출[487)]

민향숙2015
선덕여왕 : 신라 최초의 여왕[488)]

박예빈2015 – 영롱[489]

박혜인2015
시집가는 처녀[490]

백송희2015 – 조선의 국모[491]

엄성욱2015 – 기생의 사랑[492]

용선화2015 – 여인의 자태[493]

원형진2015 – 미실[494]

유동민2015 – 왕의 탄생[495]

유예주2015
황진이의 탄생[496]

이종국2015 – 진낭[497]

이현우2015
Respect 존경[498]

이효진2015 – 평강공주[499]

이희선2015
동수부인 고전과 현대[500]

장혜선2015 – 판빙빙[501]

황혜령2015 – 어린기녀[502]

강수지2018
Queen of Goryeo[503]

김서희2018 – 숨은 목련[504]

김소미2018
천수련의 무게[505]

고은애2018
보이지 않는 그날[506]

김영은2018 – 소헌왕후[507)]

김한별2018
까닭 있는 기품[508)]

김혜린2018 – 靑 푸를 청[509)]

남윤이2018 – 야화[510)]

안예은2018
장녹수의 마지막[511)]

이다혜2018
아마릴리스 Amarylils[512)]

조도형2018 – 고혹미[513)]

서상환2018 – 미기美妓[514)]

이시영2018 – 기생 옹주[515)]

김꽃향기2015
Plaitree[516]

김민경2015 – Butterfly[517]

김해리2015 – 백의 꽃[518]

김혜원2015
베스타 불의 여신[519]

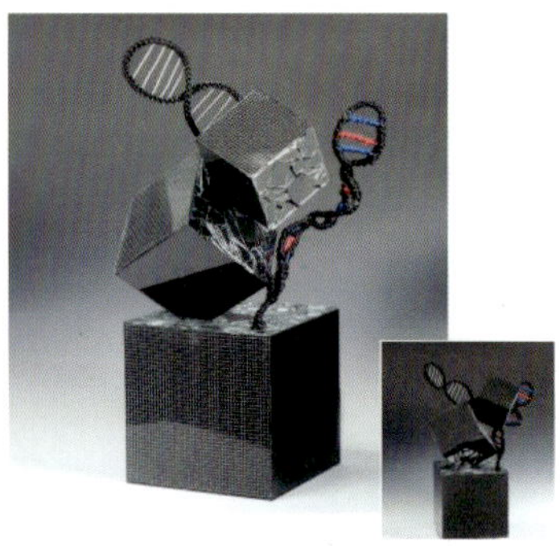

김호균2015 – DNA[520]

문진주2015 – 생명의 근원[521]

박성수2015 – 파도[522]

박준형2015 – 숲의 여신[523]

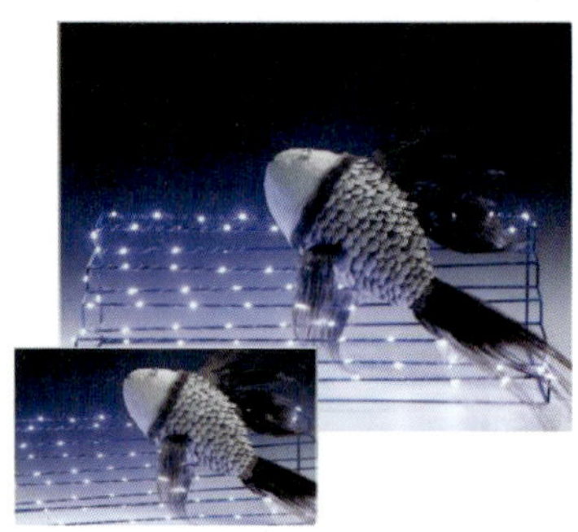

송아영2015 – 비단잉어[524]

최경애2015
반짝반짝 빛나는[525]

한유나2015 – 대지의 여신[526]

이주희2015 – 무제[527]

이주연2015 – 무제[528]

백광2015 – 태양[529]

김인석2015 – 무제[530]

김미연2018 – Pride me[531)]

김성경2018
女鳥數飛 여조삭비 의 비상[532)]

박수은2018
인피니티 Infiniti[533)]

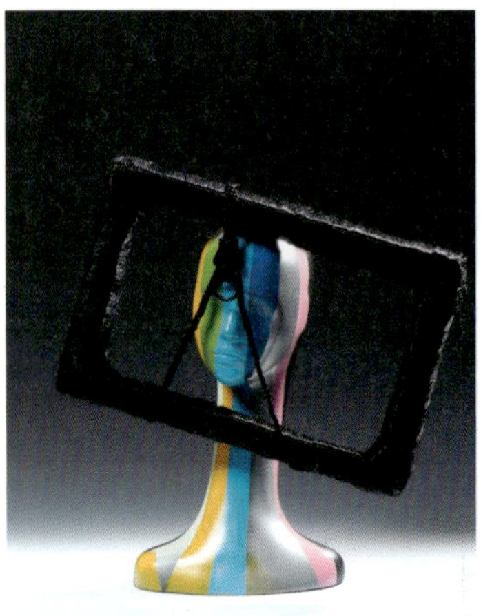

최이안2018 – 정지화면[534)]

최진실2018 – Daily Pixel Pop[535)]

류영광2018 – Snow Flower[536)]

손서영2018
Personality Flower[537)]

최종문2018 – 날개[538)]

최영조2018
대중으로의 시발[539)]

김꽃향기 2015 – A PETAL[540)]

김민경 2015 – 여전사[541)]

김해리 2015 – 귀부인[542)]

김혜원 2015 – 사이버[543)]

김호균 2015 – 성운 NEBULA[544)]

문진주 2015 – 몽환[545)]

박성수 2015 – 바다[546)]

박준형 2015 – 태양의 여신[547)]

송아영 2015 – 기본의 기초[548)]

최경애2015 – 모닝글로리[549]

한유나2015 – 순정[550]

이주희2015 – 무제[551]

이주연2015 – 무제[552]

백광2015 – 무제[553]

김인석2015 – 무제[554]

김수민 2020 – 붉은 단풍[555)]

김수민 2020 – 밤 바다[556)]

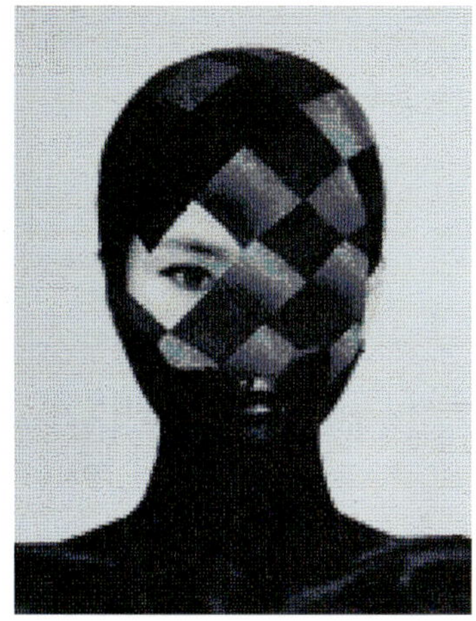
박형준 2020 – 광명 光明[557)]

박형준 2020 – 암흑 暗黑[558)]

현승준 2020
우물안 개구리[559)]

현승준 2020 – 정해진 틀[560)]

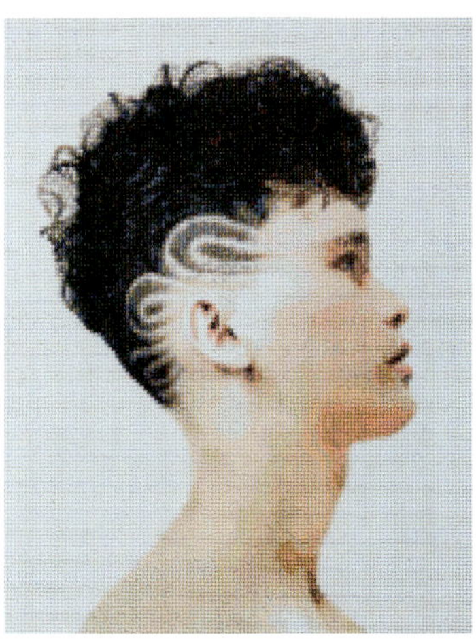
정재욱 2020 – 그늘[561)]

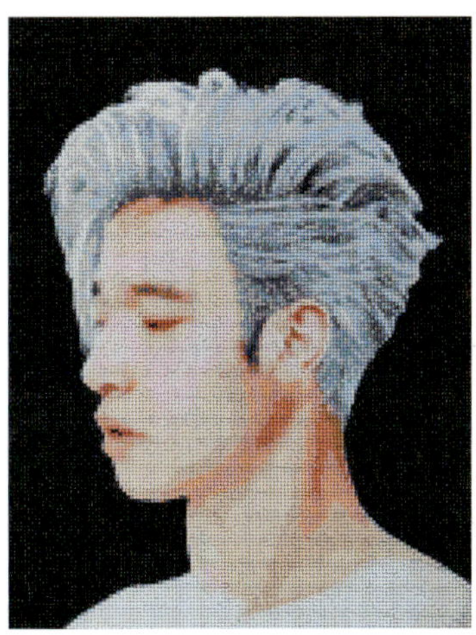
정재욱 2020 – 동춘 冬春[562)]

곽혜원 2020
레트로 Last tradition[563)]

곽혜원2020
뉴트로 New tradition[564)]

김지원2020 – 공존 共存[565)]

김지원2020
만화방창 萬化方暢[566)]

민예진2020
이중자아 二重自俄[567)]

민예진2020 – 침묵 沈默[568)]

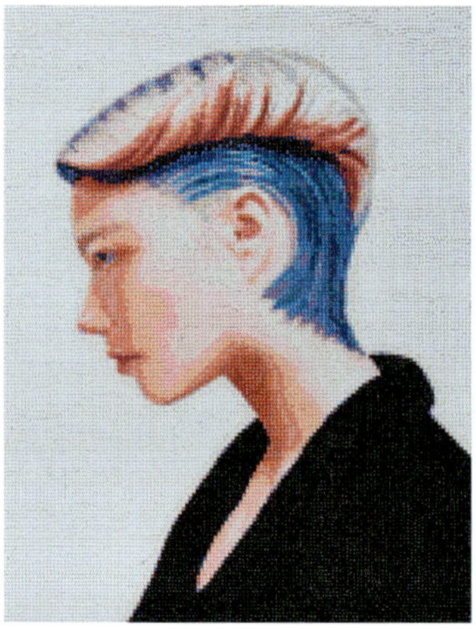

진소정2020 – 직시[569)]

진소정2020
케세라 세라 Que Sera, Sera[570)]

최영은2020
Poker Face 포커페이스[571)]

최영은2020
Rainbow Sherbet[572)]

3. 천안연암대학 뷰티아트과 헤어아트 작품[573)]

2010년 학생작품

2010년 학생작품

2010년 학생작품

2010년 학생작품

2010년 학생작품

2010년 학생작품

2010년 학생작품

2010년 학생작품

2010년 학생작품

2010년 학생작품

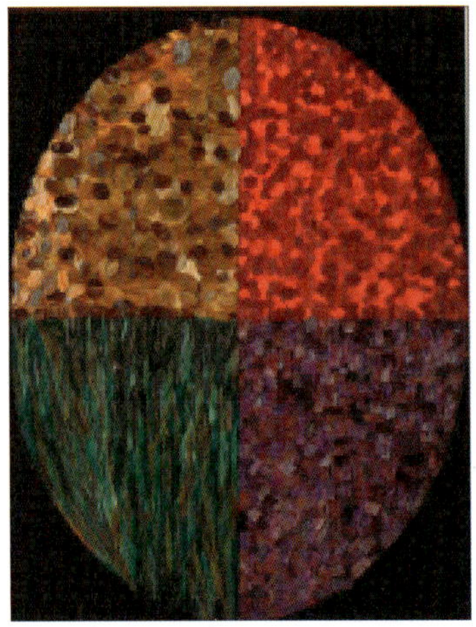

2010년 학생작품

2010년 학생작품

4. 김진숙 헤어아트 작품[574]

미용에서 예술을 보다 – 꽃의 노래 김진숙 헤어아트[575)]

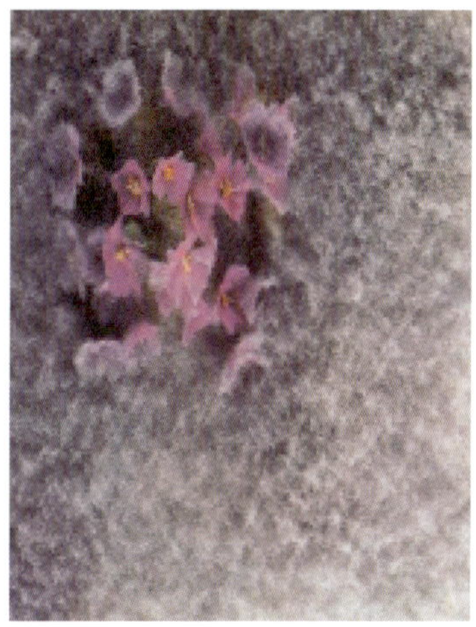

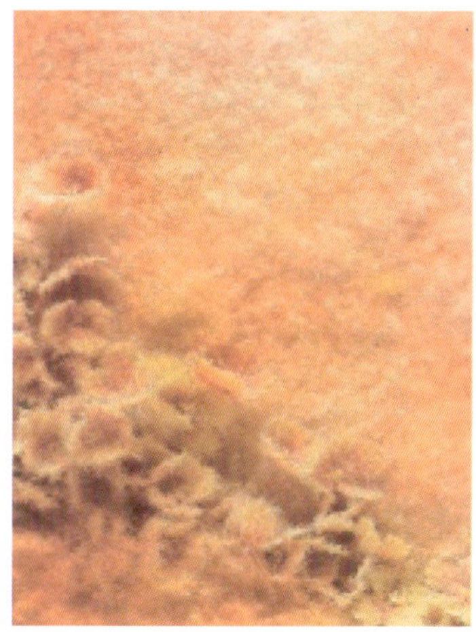

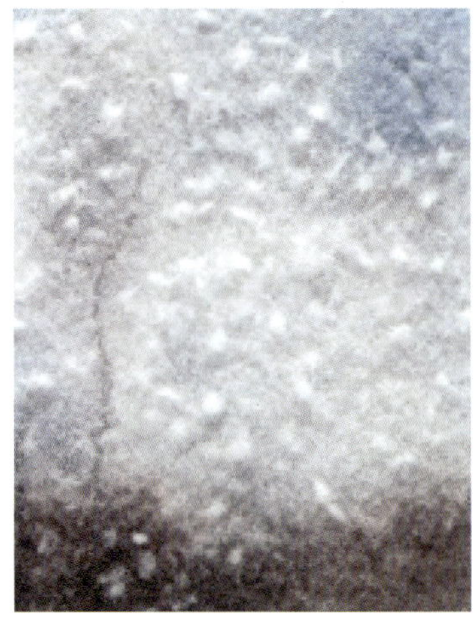

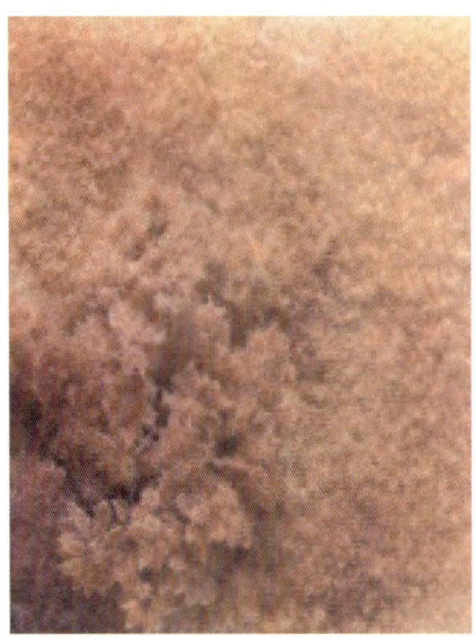
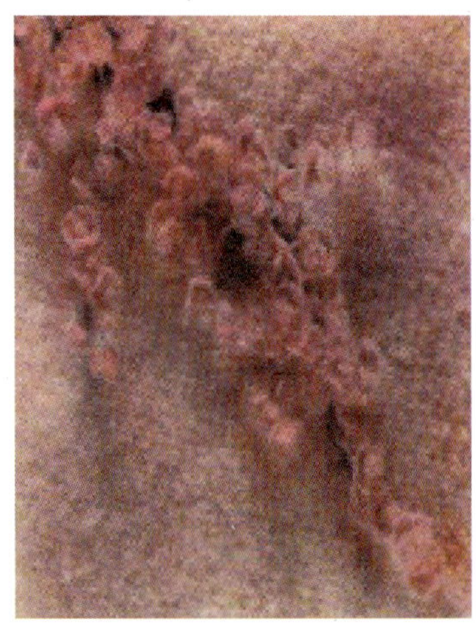

5. 홍도화 헤어아트 작품[576)]

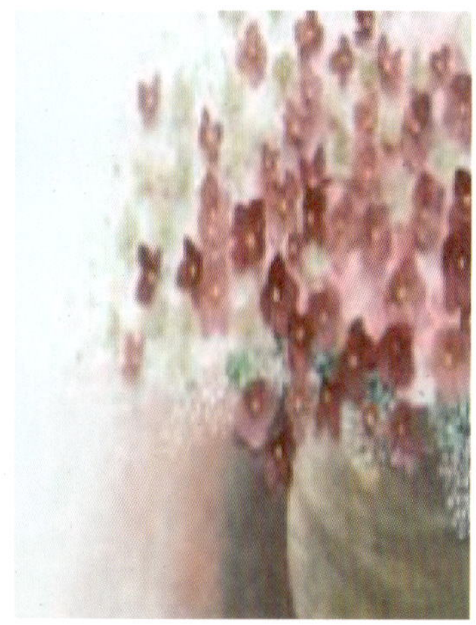

6. 그 밖의 헤어아트 작품

김명우2005
Obang Nang Ja Pocket[577)]

김혜영2005
Bridle of Memory[578)]

김혜정2005
ART – Circle of Circle Inside[579)]

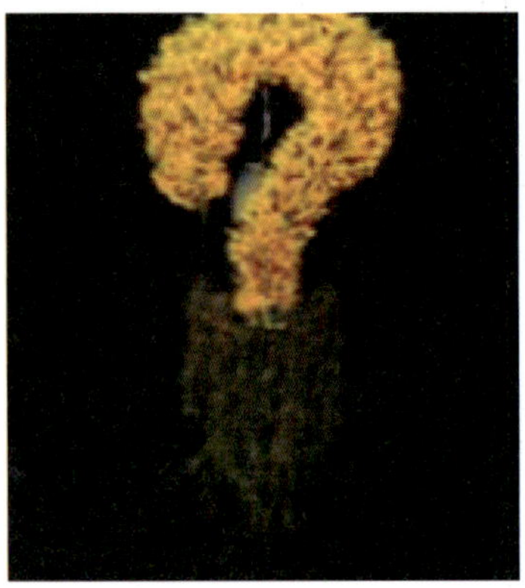

박은준2005
Conversion from Me[580)]

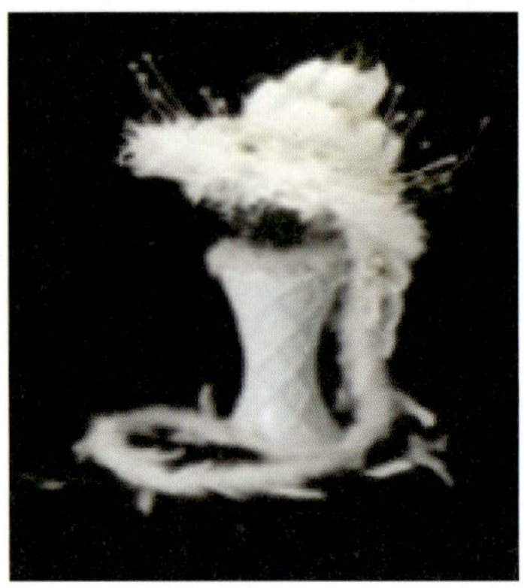

박혜경2005 – Freedom[581)]

양규실2005
It stans again in the up hil[582)]

오병금2005 – Thinking Love[583)]

이혜정2005 – Fracta[584)]

임선희2005 – Happiness from me walk hand in hand[585)]

임은진2005
The Birth of Nobility586)

정문희2005
Stairs Of Hope587)

정미영2005 – Nostalgia588)

권영숙2006 – 공존589)

김경숙2006 – 환희590)

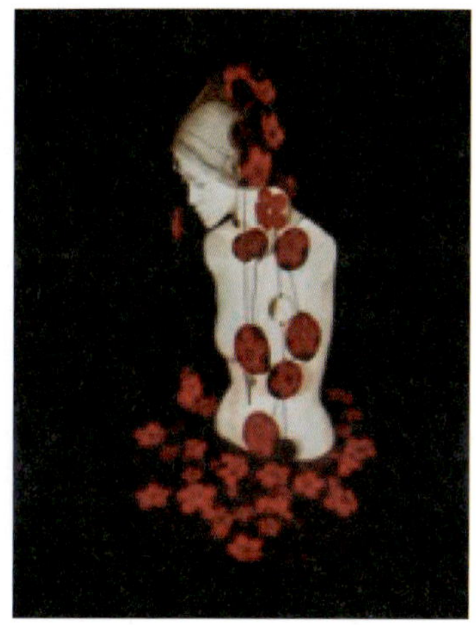

김동표2006 – Soliloquize591)

김명우2006 – 부조화592)

김송희2006 – The Cold Sun593)

김순경2006
AD클레오파트라594)

김정인2006 – A Pillar of Fire & A Pillar of Cloud[595)]

김정희2006 – S Curl And Nature 속에서 찾은 아름다운 선[596)]

김파라2006 – War & Peace[597)]

김혜정2006
The Birth of Venus[598)]

도진아2006
혼돈으로부터 질서[599)]

박상룡2006 – 공작별자리[600)]

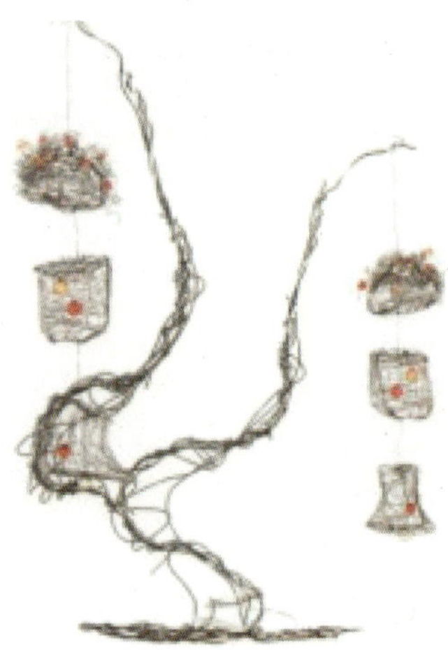

박선민2006
내면속의 혼돈[601)]

박혜경2006 – Love[602)]

서윤경2006 – 자연[603)]

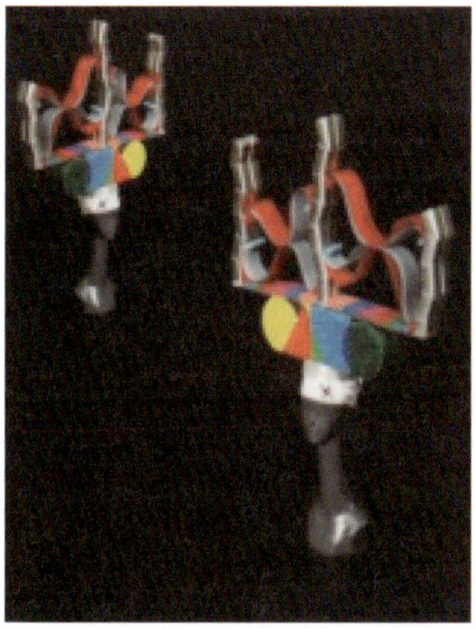

양미숙 2006 – Collection[604)]

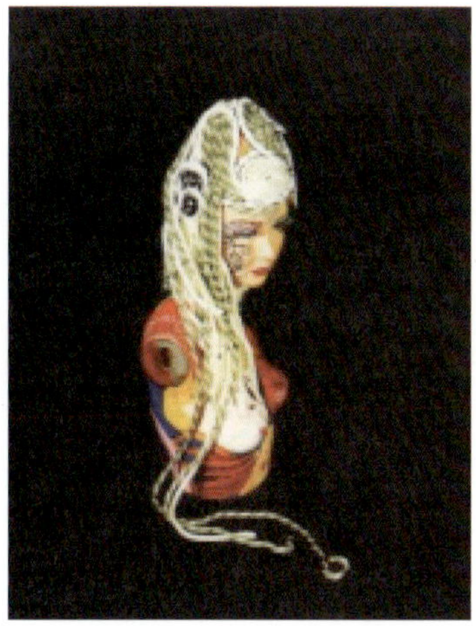

오강수 2006 – 화합[605)]

오경헌 2006 – Despoliation[606)]

오미근 2006 – 여심[607)]

오병금 2006 – 환희[608)]

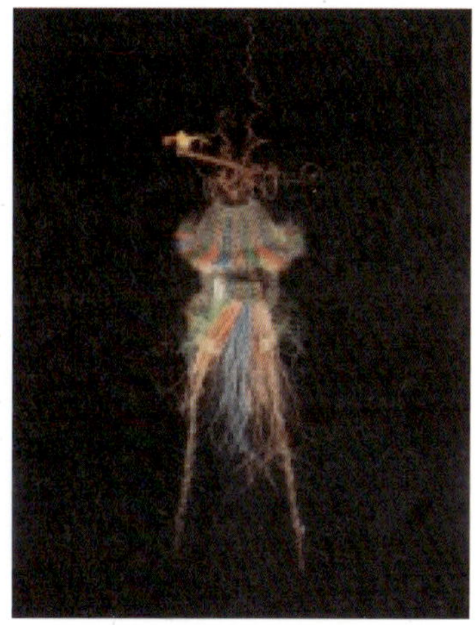

오세옥 2006 – 자유[609)]

유희숙 2006 – 불협화음[610)]

윤아람 2006 – 머릿속[611)]

윤은영 2006 – Katharsis[612)]

이경미2006 – 삶의 굴레[613)]

이경숙2006 – Creativity[614)]

이기영2006 – 고요[615)]

이미영2006 – 표현의 자유[616)]

이복희2006 – 탄생[617)]

이상미2006 – Paradise[618)]

이선경2006 – 불안[619)]

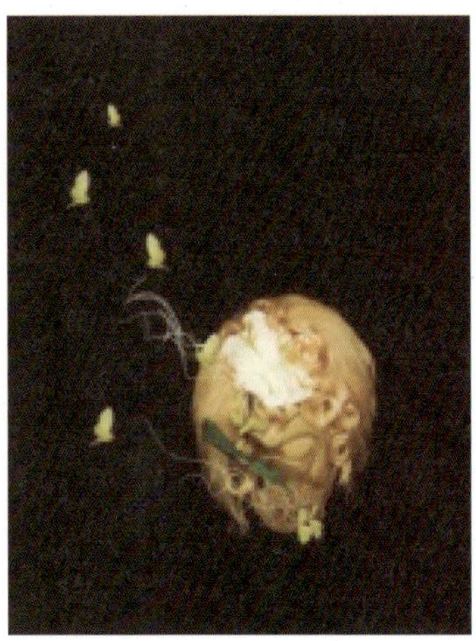
이수미2006 – 신부[620)]

이순희2006 – 일탈[621)]

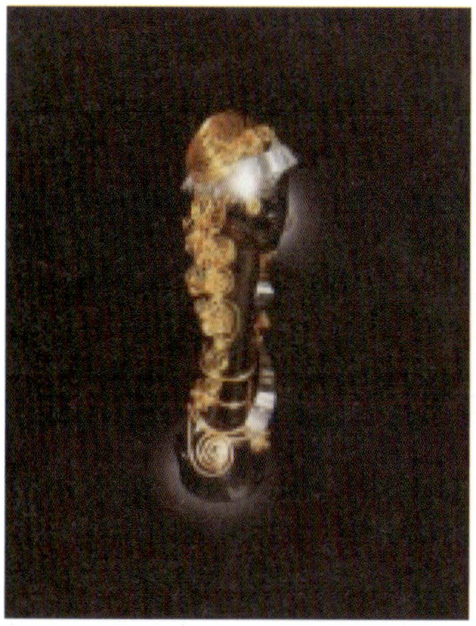

이영미 2006 – 연인[622)]

이영숙 2006
인간과 웰빙의 양극화[623)]

이영주 2006 – 봄[624)]

이은주 2006 – leader[625)]

이종순 2006 – 분출[626)]

이지숙 2006 – 원[627)]

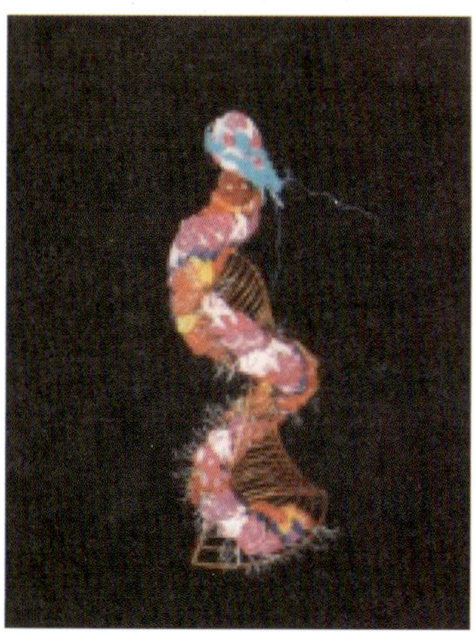

이혜정 2006 – 승천[628)]

임선희 2006 – 연. 휴.[629)]

장미여 2006 – 질주의 본능[630)]

정문희 2006 – 환희[631)]

정미영 2006 – 외출[632)]

정의정 2006 – Reviva[633)]

조진우 2006 – 봄[634)]

채선숙 2006 – 끊임없는 길[635)]

최미옥 2006 – 시선[636)]

한성진 2006 – Double[637)]

한지연 2006 – Impression[638)]

홍도화 2006
기하학을 모티브로한 미용예술[639)]

강나경 2007
반복, 창조, 미[640)]

권영숙 2007 – 망각[641)]

김관옥 2007 – 오로라[642)]

김동분 2007 – 화려한 외출[643)]

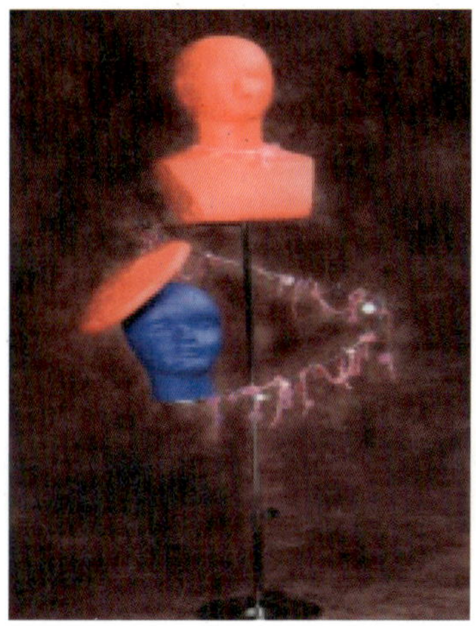

김민정 2007 – 화려한 외출[644)]

김옥준 2007 – 빛의 스케치[645)]

김은경 2007 – 비행[646)]

김파라 2007 – 과수원[647)]

김혜정 2007
The Birth of Venus[648)]

김효정2007 – 구속[649)]

박애경2007
휴머니티 – 21[650)]

박지선2007 – 대지[651)]

배기연2007 – 자유[652)]

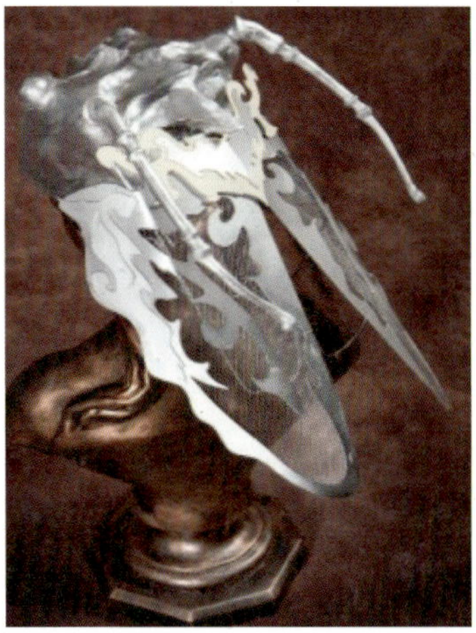

신임순2007
남바위의 아르누보 산책[653)]

양은아2007 – 비상[654)]

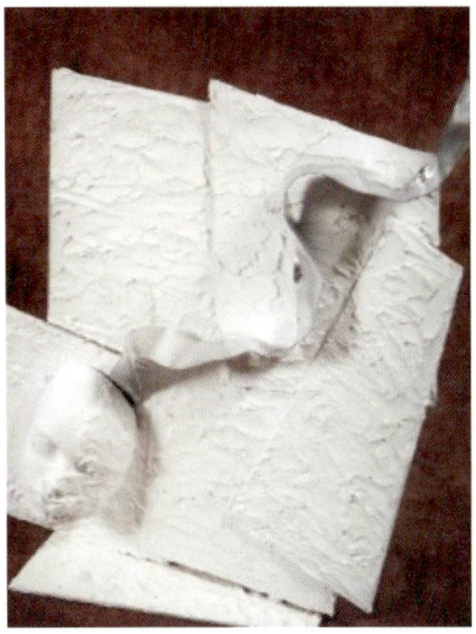

우수정2007 – 아르미스상[655)]

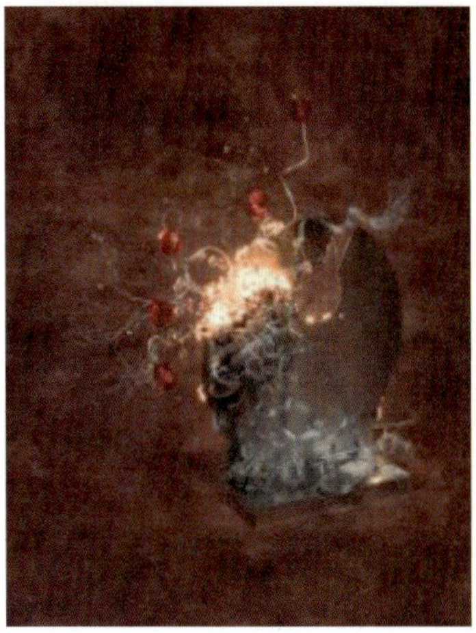

이경미2007 – 빛의 환희[656)]

이경희2007 – 새장밖의 꿈[657)]

이기영 2007
평화 고요 현실타피[658)]

이명화 2007
자연과 사람의 만남[659)]

이미영 2007
의식과 무의식의 공존[660)]

이상미 2007 – 타임머신[661)]

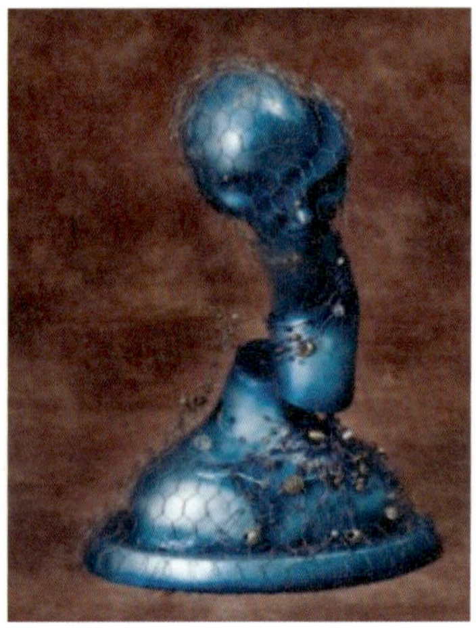

이선경 2007 – 데자뷰[662)]

이순희 2007 – 플럭서스[663)]

이영숙 2007
기쁨과 즐거움[664)]

임영미 2007 – 관계[665)]

임은진 2007 – Epoch[666)]

임태희2007 – 달과 6펜스[667)]

조진우2007
Flutter in the Wind[668)]

진용미2007 – The Present[669)]

최나래2007 – Arabesque[670)]

최미옥2007 – 제 3의 눈[671)]

하관수2007 – 미의 일탈[672)]

하희정2007 – 틀[673)]

한성진2007 – 자유무역협정[674)]

홍도경2007 – 버블 란타나[675)]

김숙자2008 – 공존[677)]

김순경2008 – 황진이[678)]

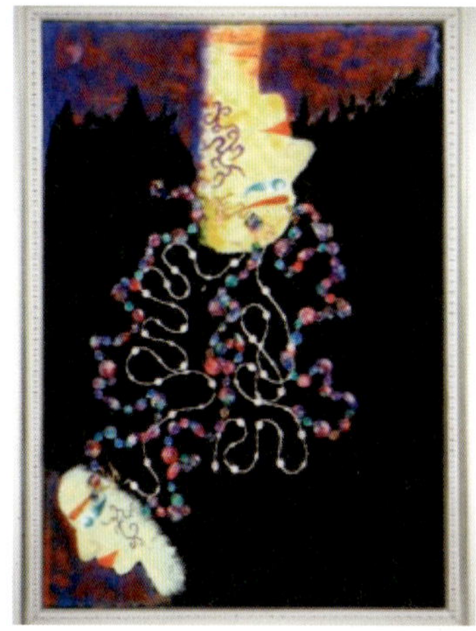

김은경2008 – Neuron[679)]

김지용2008
The Chaos Haircut Structure[680)]

김현진2008 – 헤어퓨처리즘[681)]

박미옥2008
자연현상화의 모티브[682)]

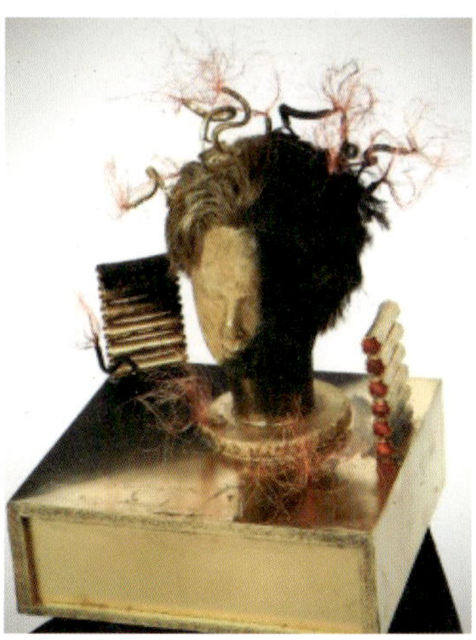

송지형2008 – 충전[683)]

오경헌2008 – 서경2 [684)]

장선엽2008 – 봄의 내면[685)]

진용미 2008 – Creation[686)]

홍도경 2008 – Bubble Pear[687)]

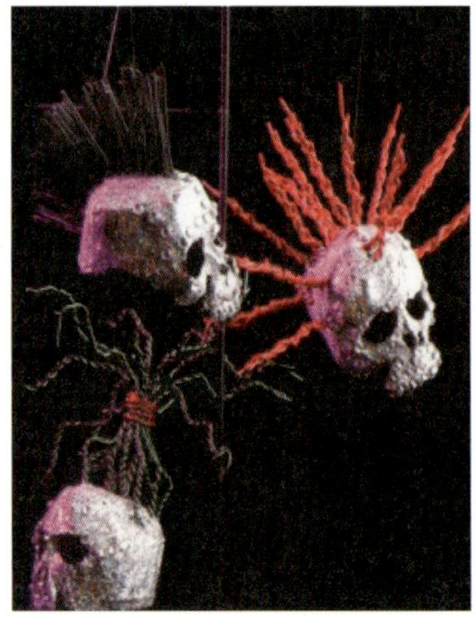

박선민 2009 – 일탈[688)]

박선영 2009
Bright Sadness[689)]

서현정 2009 – 희망[690)]

석유나 2009 – Dream[691)]

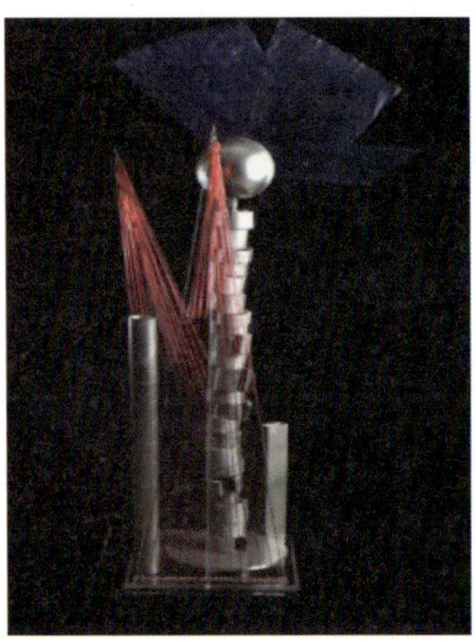

송성아 2009 – Cut 도해도.
Increase Layer의 병합[692)]

신임순 2009 – 아마조네스[693)]

안채리 2009 – 생각의 창[694)]

양미숙 2009
초현실주의의 욕망[695)]

윤아람 2009 – 내면[696)]

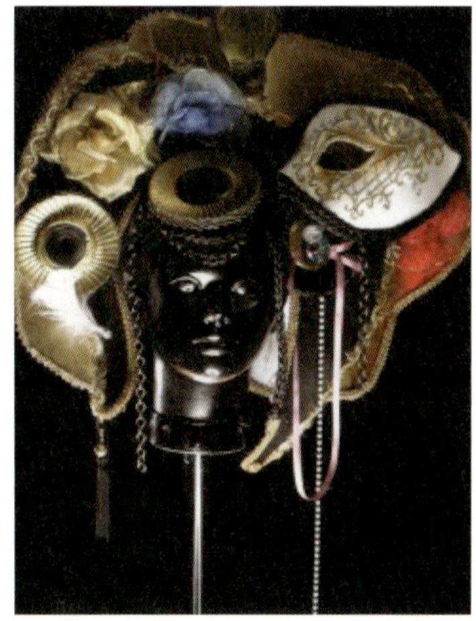

윤재선 2009 – 몽환[697)]

이경숙 2009 – 변화[698)]

이언주 2009 – 나르키소스[699)]

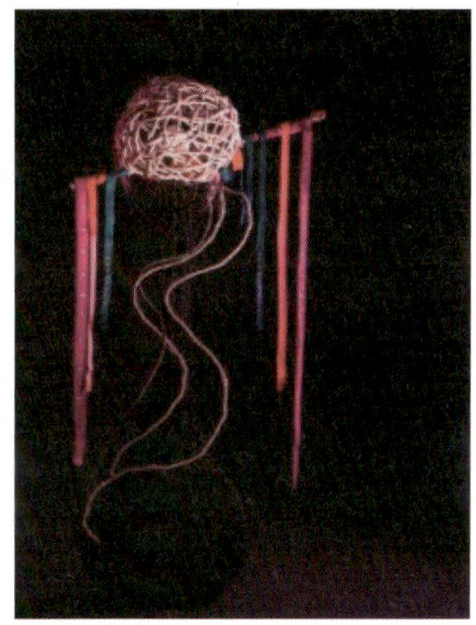

채선숙 2009 – Shamanism[700)]

고서영 2010 – Emptiness[701)]

공세미 2010
a Troublent Period[702)]

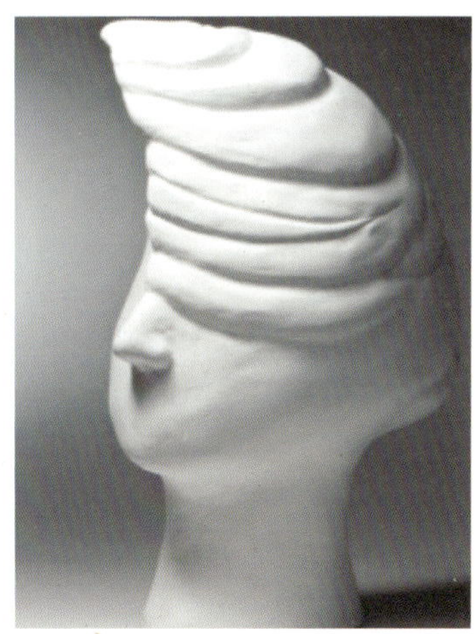

김지용 2010
Fractal Thought[703)]

김효정2010
a Passageway of Life[704)]

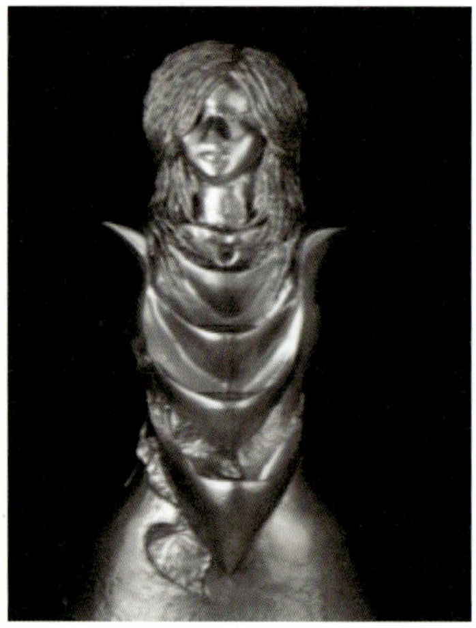

박재홍2010 – Flowabbit[705)]

신임순2010
아르누보-변주곡[706)]

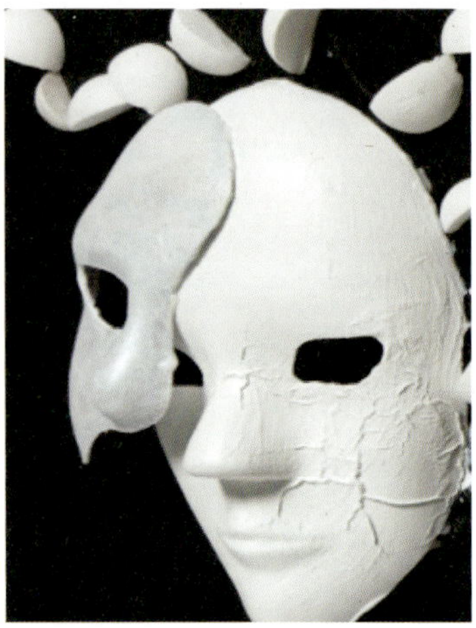

장연희2010 – Dmitry[707)]

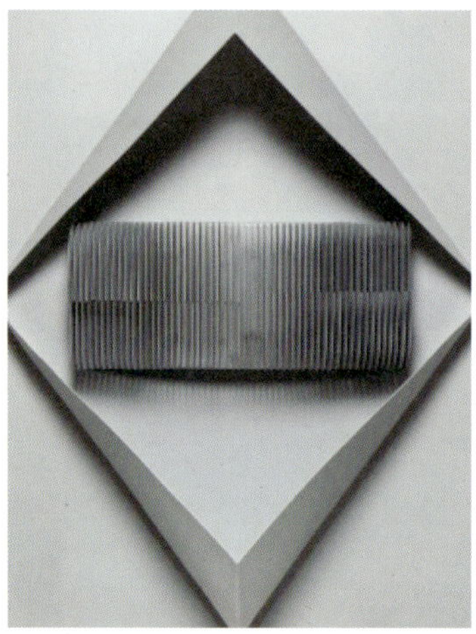

전혜민2010
아네모네 피쉬[708)]

지효진2010
Come into Bloom[709)]

차우정2010 – Veil[710)]

최선주2010 – 아름다움의 본능[711)]

최소영2010 – 생명의 소리[712)]

참고 문헌

1) 박은준 외(2014). "헤어아트". 파주: 메디시언. p.10

2) 사사키 겡이치(2002). "미학사전". 서울: 동문선. pp.64-65

3) 이현숙(2017). 훈데르트바서의 작품특성을 모티브로 한 아트 헤어디자인 연구. 대구대학교 디자인대학원 석사학위논문. pp.20-21

4) 안문경(2007). 동선을 이용한 헤어아트 조형성 연구. 서경대학교 미용예술대학원 석사학위논문. p.6

5) 최은숙(2007).'헤어아트에 나타난 미니멀리즘 연구. 서경대학교 미용예술대학원 석사학위논문. pp.3-5

6) 김슬기(2012). 헤어아트의 활성화 방향에 관한 연구. 서경대학교 미용예술대학원 석사학위논문. pp.87-92

7) 서은설(2020). 알폰스 무하 작품을 모티브로 한 회화적 헤어아트 연구. 대구대학교 대학원 석사학위논문. pp.38-43

8) cafe.daum.net/hanurihair

9) 천안연암대학(2009). 뷰티아트과 헤어아트 전시회

10) cafe.daum.net/hanurihair

11)-13) 미용산업문화협회(2020). 제1회 헤어아트 작품초정전 '사군자(四君子)'

14) 서경대학교 대학원 미용예술학과(2005). 제1회 '初' 새로운 시작

15) 예일미용고등학교(2011). 제2회 심장병 어린이 돕기 미용 작품 전시회

16) 서경대학교 대학원 미용예술학과(2006).제2회 The 2nd

17) 서경대학교 대학원 미용예술학과(2010). 제6회 헤어아트 전시회

18) 서경대학교 대학원 미용예술학과(2005). 제1회 '初' 새로운 시작

19) 서경대학교 대학원 미용예술학과(2008). 제4회 헤어아트 전시회

20) 김슬기(2012). 헤어아트의 활성화 방향에 관한 연구. 서경대학교 미용예술대학원 석사학위논문. pp.87-92

21)-22) 서경대학교 대학원 미용예술학과(2008). 제4회 헤어아트 전시회

23) 서경대학교 대학원 미용예술학과(2009). 제5회 헤어아트 전시회

24) 건국대학교 디자인대학원(2011). 뷰티디자인 전공 졸업작품전

25) 서경대학교 대학원 미용예술학과(2007). 제3회 헤어아트 전시회

26) 서경대학교 대학원 미용예술학과(2005). 제1회 '初' 새로운 시작

27) 김승현(2014). 확산형·분석형 사고기법이 융합된 패션 디자인발상 교육모델 개발. 서울대학교 박사학위논문. p.10

28) 최길열(2000). "디자인 발상연구". 서울: 주간 디자인신문. pp.65-71

29) 우흥룡, 진선태(2004). "아이디어 발상의 끝은 없다". 서울: 창지사. p.112

30) 최보윤(2006). 캐릭터 디자인 교육에서 이미지 연상과 형태분석법을 활용에 관한 연구. 국민대학교 교육대학원 석사학위논문. p.36

31) 이정주(2015). 체크리스트 법을 활용한 헤어아트 디자인발상 과정에 관한 연구. 건국대학교 디자인대학원 석사학위논문. pp.9-10

32) 최보윤(2006). 위의 책. p.20

33) 이정주(2015). 위의 책. pp.5−74
34) 문재원(2004). 자연의 유기적 형태 표현에 관한 헤어 디자인 연구. 용인대학교 대학원 석사학위논문. pp.42−43
35) 김은진(2014). 덩굴식물을 응용한 헤어아트 디자인 연구. 대구대학교 디자인대학원 석사학위논문. p.19
36)−37) 문재원(2004). 위의 책. pp.28−48
38) 박은준 외(2014). 위의 책. pp.38−40
39) 형혁, 박은준(2023). 중국 전통 화조화를 모티브로 한 헤어아트. 한국인체미용예술학회지, 24(1), pp.151−162
40) 박은준 외(2014). 위의 책. p.46
41) 김명중(2008). 직선의 이미지를 응용한 라펠장식 디자인 연구. 서울산업대학교 산업대학원 석사학위논문. p.3
42)−43) 이현숙(2017). 위의 책. pp.15−16
44) 서경대학교 대학원 미용예술학과(2005). 제1회 '初' 새로운 시작
45) 서경대학교 대학원 미용예술학과(2006).제2회 The 2nd
46) 서경대학교 대학원 미용예술학과(2006).제2회 The 2nd
47) 서경대학교 대학원 미용예술학과(2011). 제7회 EXHIBITION
48) 서경대학교 대학원 미용예술학과(2007). 제3회 헤어아트 전시회
49) 서경대학교 대학원 미용예술학과(2005). 제1회 '初' 새로운 시작
50) 서경대학교 대학원 미용예술학과(2006).제2회 The 2nd
51)−52) 서경대학교 대학원 미용예술학과(2007). 제3회 헤어아트 전시회
53)−55) 서경대학교 대학원 미용예술학과(2008). 제4회 헤어아트 전시회
56)−58) 서경대학교 대학원 미용예술학과(2010). 제6회 헤어아트 전시회
59) 서경대학교 대학원 미용예술학과(2009). 제5회 헤어아트 전시회
60)−61) 서경대학교 대학원 미용예술학과(2008). 제4회 헤어아트 전시회
62) 서경대학교 대학원 미용예술학과(2007). 제3회 헤어아트 전시회
63) 천안연암대학(2012). 졸업전시회
64) 서경대학교 대학원 미용예술학과(2005). 제1회 '初' 새로운 시작.
65) 박동은(2014). 전국기능경기대회 이미용의 헤어디자인적 특징 및 작품분석(2006~2012년 중심으로). 서경대학교 일반대학원 석사학위논문. p.16
66)−68) 서경대학교 대학원 미용예술학과(2005). 제1회 '初' 새로운 시작
69)−70) 서경대학교 대학원 미용예술학과(2011). 제7회 EXHIBITION
71) 서경대학교 대학원 미용예술학과(2008). 제4회 헤어아트 전시회
72)−73) 서경대학교 대학원 미용예술학과(2005). 제1회 '初' 새로운 시작
74)−79) 서경대학교 대학원 미용예술학과(2006). 제2회 The 2nd
80) 서경대학교 대학원 미용예술학과(2010). 제6회 헤어아트 전시회
81)−83) 서경대학교 대학원 미용예술학과(2007). 제3회 헤어아트 전시회
84) 서경대학교 대학원 미용예술학과(2010). 제6회 헤어아트 전시회
85)−86) 서경대학교 대학원 미용예술학과(2008). 제4회 헤어아트 전시회
87) 서경대학교 대학원 미용예술학과(2010). 제6회 헤어아트 전시회
88) 서경대학교 대학원 미용예술학과(2009). 제5회 헤어아트 전시회

89)-90) 서경대학교 대학원 미용예술학과(2010). 제6회 헤어아트 전시회
91)-92) 천안연암대학(2012). 졸업전시회
93) 김민경(2007). 무대조명의 빛과 색에 관한연구. 한양대학교 대학원 석사학위논문. p.25
94) 고유미(2005). 컬러톤과 배색에 따른 헤어 스타일 이미지 변화에 관한 연구. 용인대학교 경영대학원 석사학위논문. p.27
95) 박영순, 이현주(1998). "색채와 디자인". 서울:교문사. pp.68-72
96) 황수민(2020). o.m.c 헤어 컬러 분석을 통한 색채배색 작품 연구. 영산대학교 일반대학원 박사학위논문. p.33
97) 박진숙(2000). 한국 전통색의 현대적 활용을 위한 실증적 배색방법에 관한 연구. pp. 47-51
98) 고을한(1982). "응용색채학". 서울: 상미사. pp.61-65
99) 송은(2002). 헤어 컬러 디자인의 배색계획. 한서대학교 예술대학원 석사학위논문. pp. 64-82
100)-102) 천안연암대학(2012). 졸업전시회
103)-105) cafe.daum.net/hanurihair
106) 서경대학교 대학원 미용예술학과(2010). 제6회 헤어아트 전시회
107)-108) 서경대학교 대학원 미용예술학과(2011). 제7회 EXHIBITION
109) 박은준 외(2014). 위의 책. p.57
110)-111) 서경대학교 대학원 미용예술학과(2009). 제5회 헤어아트 전시회
112) 서경대학교 대학원 미용예술학과(2011). 제7회 EXHIBITION
113) 최은숙(2007). 헤어아트에 나타난 미니멀리즘 연구. 서경대학교 미용예술대학원 석사학위논문. pp.3-5
114) 서경대학교 대학원 미용예술학과(2007). 제3회 헤어아트 전시회
115) 서경대학교 대학원 미용예술학과(2008). 제4회 헤어아트 전시회
116)-117) 서경대학교 대학원 미용예술학과(2006). 제2회 The 2nd
118)-119) 건국대학교 디자인대학원(2011). 뷰티디자인 전공 졸업작품전
120)-121) 서경대학교 대학원 미용예술학과(2010). 제6회 헤어아트 전시회
122) 서경대학교 대학원 미용예술학과(2009). 제5회 헤어아트 전시회
123)-124) 서경대학교 대학원 미용예술학과(2011). 제7회 EXHIBITION
125) 서경대학교 대학원 미용예술학과(2007). 제3회 헤어아트 전시회
126) 서경대학교 대학원 미용예술학과(2005). 제1회 '初' 새로운 시작
127)-128) 서경대학교 대학원 미용예술학과(2007). 제3회 헤어아트 전시회
129)-131) 서경대학교 대학원 미용예술학과(2005). 제1회 '初' 새로운 시작
132) 서경대학교 대학원 미용예술학과(2008). 제4회 헤어아트 전시회
133) 서경대학교 대학원 미용예술학과(2010). 제6회 헤어아트 전시회
134) 서경대학교 대학원 미용예술학과(2008). 제4회 헤어아트 전시회
135) 천안연암대학(2009). 졸업작품전
136)-137) 서경대학교 대학원 미용예술학과(2010). 제6회 헤어아트 전시회
138) 서경대학교 대학원 미용예술학과(2007). 제3회 헤어아트 전시회
139) 서경대학교 대학원 미용예술학과(2009). 제5회 헤어아트 전시회
140) 박은준 외(2014). 위의 책. p.62
141)-143) 서경대학교 대학원 미용예술학과(2005). 제1회 '初' 새로운 시작

144) 이현진(2007). 여신을 모티브로 한 헤어아트 연구. 서경대학교 미용예술대학원 석사학위논문. p.88
145) 안문경(2007). 동선을 이용한 헤어아트 조형성 연구. 서경대학교 미용예술대학원 석사학위논문. p.6
146) 서경대학교 대학원 미용예술학과(2006). 제2회 The 2nd
147) 서경대학교 대학원 미용예술학과(2005). 제1회 '初' 새로운 시작
148) 서경대학교 대학원 미용예술학과(2008). 제4회 헤어아트 전시회
149)-150) 서경대학교 대학원 미용예술학과(2009). 제5회 헤어아트 전시회
151) 서경대학교 대학원 미용예술학과(2010). 제6회 헤어아트 전시회
152) 서경대학교 대학원 미용예술학과(2005). 제1회 '初' 새로운 시작
153) 서경대학교 대학원 미용예술학과(2011). 제7회 EXHIBITION
154)-158) 서경대학교 대학원 미용예술학과(2010). 제6회 헤어아트 전시회
159) 서경대학교 대학원 미용예술학과(2009). 제5회 헤어아트 전시회
160) 서경대학교 대학원 미용예술학과(2010). 제6회 헤어아트 전시회
161) 서경대학교 대학원 미용예술학과(2011). 제7회 EXHIBITION
162)-163) 서경대학교 대학원 미용예술학과(2009). 제5회 헤어아트 전시회
164) 서경대학교 대학원 미용예술학과(2008). 제4회 헤어아트 전시회
165) 박은준 외(2014). 위의 책. p.65
166)-168) 서경대학교 대학원 미용예술학과(2005). 제1회 '初' 새로운 시작
169) 서경대학교 대학원 미용예술학과(2008). 제4회 헤어아트 전시회
170)-171) 서경대학교 대학원 미용예술학과(2010). 제6회 헤어아트 전시회
172) 박은준 외(2014). 위의 책. p.66
173) 서경대학교 대학원 미용예술학과(2008). 제4회 헤어아트 전시회
174)-175) 서경대학교 대학원 미용예술학과(2007). 제3회 헤어아트 전시회
176)-178) 서경대학교 대학원 미용예술학과(2011). 제7회 EXHIBITION
179)-182) 서경대학교 대학원 미용예술학과(2007). 제3회 헤어아트 전시회
183)-185) 서경대학교 대학원 미용예술학과(2008). 제4회 헤어아트 전시회
186) 서경대학교 대학원 미용예술학과(2007). 제3회 헤어아트 전시회
187) 서경대학교 대학원 미용예술학과(2010). 제6회 헤어아트 전시회
188) 박은준 외(2014). 위의 책. p.68
189) cafe.daum.net/hanurihair
190) 서경대학교 대학원 미용예술학과(2011). 제7회 EXHIBITION
191) 김혜영(2011). 한국 전통문양과 미니멀리즘을 응용한 헤어아트 조형 연구. 서경대학교 미용예술대학원 석사학위논문. p.62
192)-193) 서경대학교 대학원 미용예술학과(2008). 제4회 헤어아트 전시회
194) 서경대학교 대학원 미용예술학과(2009). 제5회 헤어아트 전시회
195)-197) 김혜영(2011). 위의 책. pp.57-78
198) 서경대학교 대학원 미용예술학과(2009). 제5회 헤어아트 전시회
199)-200) 서경대학교 대학원 미용예술학과(2007). 제3회 헤어아트 전시회
201) 서경대학교 대학원 미용예술학과(2010). 제6회 헤어아트 전시회
202) 서경대학교 대학원 미용예술학과(2009). 제5회 헤어아트 전시회

203) 서경대학교 대학원 미용예술학과(2010). 제6회 헤어아트 전시회
204) 박은준 외(2014). 위의 책. p.68
205) 서경대학교 대학원 미용예술학과(2007). 제3회 헤어아트 전시회
206)-208) 건국대학교 디자인대학원(2011). 뷰티디자인 전공 Art Beauty Exhibition
209) 서경대학교 대학원 미용예술학과(2010). 제6회 헤어아트 전시회
210) 건국대학교 디자인대학원(2011). 뷰티디자인 전공 Art Beauty Exhibition
211) 서경대학교 대학원 미용예술학과(2007). 제3회 헤어아트 전시회
212)-215) 건국대학교 디자인대학원(2011). 뷰티디자인 전공 Art Beauty Exhibition
216) 양규실(2007). 축제 가면을 활용한 헤어아트 발상. 서경대학교 미용예술대학원 석사학위논문. p.63
217)-218) 건국대학교 디자인대학원(2011). 뷰티디자인 전공 Art Beauty Exhibition
219) 양규실(2007). 위의 책. p.59
220)-221) 서경대학교 대학원 미용예술학과(2005).제1회 '初' 새로운 시작
222) 서경대학교 대학원 미용예술학과(2007). 제3회 헤어아트 전시회
223) 채선숙(2007). 위의 책. p.58
224) 서경대학교 대학원 미용예술학과(2006). 제2회 The 2nd
225) 서경대학교 대학원 미용예술학과(2009). 제5회 헤어아트 전시회
226) 박은준 외(2014). 위의 책. p.74
227)-228) 서경대학교 대학원 미용예술학과(2010). 제6회 헤어아트 전시회
229)-232) 서경대학교 대학원 미용예술학과(2008). 제4회 헤어아트 전시회
233) 박은준 외(2014). 위의 책. p.76
234)-236) 서경대학교 대학원 미용예술학과(2006). 제2회 The 2nd
237) 서경대학교 대학원 미용예술학과(2007). 제3회 헤어아트 전시회
238) 서경대학교 대학원 미용예술학과(2008). 제4회 헤어아트 전시회
239) 서경대학교 대학원 미용예술학과(2010). 제6회 헤어아트 전시회
240)-261) 미용산업문화협회(2020). 제1회 헤어아트 작품초정전 '사군자(四君子)'
262)-280) 미용산업문화협회(2020). 제2회 헤어아트 작품초정전 'clarté'
281)-296) 미용산업문화협회(2021). 제3회 헤어아트 작품초정전 'Step by Step'
297)-311) 미용산업문화협회(2021). 제4회 헤어아트 작품초정전 '시선(視線)'
312)-327) 미용산업문화협회(2022). 제5회 헤어아트 작품초정전 'Human Touch(휴먼터치)'
328)-345) 미용산업문화협회(2023). 제6회 헤어아트 작품초정전 '美溫(미온)
346) 서경대학교 대학원 미용예술학과(2005). 제1회 '初' 새로운 시작
347)-348) 서경대학교 대학원 미용예술학과(2007). 제3회 헤어아트 전시회
349)-350) 서경대학교 대학원 미용예술학과(2010). 제6회 헤어아트 전시회
351) 서경대학교 대학원 미용예술학과(2008). 제4회 헤어아트 전시회
352) 서경대학교 대학원 미용예술학과(2007). 제3회 헤어아트 전시회
353) 서경대학교 대학원 미용예술학과(2011). 제7회 EXHIBITION
354) 서경대학교 대학원 미용예술학과(2010). 제6회 헤어아트 전시회
355)-399) 서경대학교(2015). 제3회 서경대학교 예술대학 미용예술(계약)학과 졸업작품전 '탄생'
400)-415) 서경대학교(2016). 제4회 서경대학교 예술대학 미용예술계약학과 졸업작품전 '미美 그 세상 속으로'. 서울:서경대학교

416)–429) 서경대학교(2018). 제6회 서경대학교 예술대학 미용예술계약학과 졸업작품전 '세상속으로:뷰티롤리팝'
430)–479) 서경대학교(2019). 제7회 서경대학교 예술대학 미용예술계약학과 졸업작품전 '四季(사계): 머리카락의 리듬감'
480)–502) 서경대학교(2015). 제3회 서경대학교 예술대학 미용예술(계약)학과 졸업작품전 '탄생'
503)–515) 서경대학교(2018). 제6회 서경대학교 예술대학 미용예술계약학과 졸업작품전 '세상속으로:뷰티롤리팝'
516)–530) 서경대학교(2015). 제3회 서경대학교 예술대학 미용예술(계약)학과 졸업작품전 '탄생'
531)–539) 서경대학교(2018). 제6회 서경대학교 예술대학 미용예술계약학과 졸업작품전 '세상속으로:뷰티롤리팝'
540)–554) 서경대학교(2015). 제3회 서경대학교 예술대학 미용예술(계약)학과 졸업작품전 '탄생'
555)–572) 서경대학교(2020). 제8회 서경대학교 예술대학 미용예술계약학과 졸업작품전 'Beauty Turning Point'
573) 천안연암대학(2010). 헤어아트 전시회
574) cafe.daum.net/hanurihair
575) 미용에서 예술을 보다–꽃의 노래(2012). 한국미용박물관. Cobea–muse.com
576) 예일미용고등학교(2011). 제2회 심장병 어린이 돕기 미용 작품 전시회
577)–588) 서경대학교 대학원 미용예술학과(2005). 제1회 '初' 새로운 시작
589)–639) 서경대학교 대학원 미용예술학과(2006). 제2회 The 2nd
640)–687) 서경대학교 대학원 미용예술학과(2007). 제3회 헤어아트 전시회
688)–700) 서경대학교 대학원 미용예술학과(2009). 제5회 헤어아트 전시회
701)–712) 서경대학교 대학원 미용예술학과(2010). 제6회 헤어아트 전시회

찾아 보기

에센스 **헤어아트**

2023년 9월 10일 초판 인쇄
2023년 9월 15일 초판 발행

지은이 • 박은준 · 김경희 · 박정은 · 김서인 · 신임순

발행인 • 주병오 · 주민기

발행처 • 메디시인

주 소 • 경기도 파주시 회동길 209
파주출판문화정보산업단지
영업부 • 031-955-7566 · 7577
편집부 • 031-955-7731
F A X • 031-955-7730
홈페이지 • www.ji-gu.co.kr
전자우편 • jigupub@hanmail.net
등록번호 • 2005년 2월 16일
제 406-2005-000045호

ISBN 979-11-90839-36-5 가격 : 25,000원